Visual Dictionary

自然散策が楽しくなる！

日本の生きもの図鑑

監修
成島悦雄・多摩六都科学館

(i) 池田書店

自然散策が楽しくなる！
日本の生きもの図鑑

もくじ

この本の使い方 ⋯⋯⋯⋯⋯⋯⋯⋯⋯ 3

生きものの大きさの表し方 ⋯⋯⋯⋯ 4

1章　街にいる生きもの ⋯⋯⋯⋯⋯⋯ 6

2章　里にいる生きもの ⋯⋯⋯⋯⋯ 48

どっちがどっち？似ている生きものたち ⋯ 99

3章　山にいる生きもの ⋯⋯⋯⋯⋯ 100

ここを歩いたのはだーれ？ ⋯⋯⋯⋯ 147

4章　水辺にいる生きもの ⋯⋯⋯⋯ 148

わたしたち、こんなに大きく成長しました ⋯ 198

5章　海辺にいる生きもの ⋯⋯⋯⋯ 200

6章　離島にいる生きもの ⋯⋯⋯⋯ 242

用語解説 ⋯⋯⋯⋯⋯⋯⋯⋯⋯⋯⋯⋯ 248

索引 ⋯⋯⋯⋯⋯⋯⋯⋯⋯⋯⋯⋯⋯ 252

この本の使い方

この本には、植物、昆虫、魚、ほ乳類など、日本で見ることができる生きものが場所別に、約300種載っています。名前や生息地、写真などの基本情報など、自然散策が楽しくなる情報が満載です。

漢字名
漢字で書き表した名前です。生きものの特徴が漢字で表現されていることもあります。

科名
分類学上の区分のひとつです。同じ科に属しているということは、分類学上仲間だということです。

生きもの名
図鑑などに載っている、日本語の名前です。

英名
英語の名前※1です。英語の意味を調べると、生きものの特徴がわかるかもしれません。

すんでいる場所
生きものがすんでいる場所を示しています。街、里、山、水辺、海辺、離島の6つに分かれています。

解説
見られる地域や場所、大きさ、体の特徴、繁殖方法などを紹介しています。

生きものデータ
それぞれ、生きもののデータが載っています。
植物：分布、花期
虫、両生類・は虫類・その他、魚、鳥、
ほ乳類：体長、分布*、時期

まめ知識
生きものについての面白いエピソードや、似ている種との見分け方などを紹介しています。

固有種マークと外来種マーク
日本にしか生息しない生きものには「固有種」マーク、もともと日本にいなかったのに、人為的に他の地域から入ってきた生きものには「外来種」マークがついています。

★本書での「全国」の定義は、南西諸島や小笠原諸島など離島を除く日本全国に一般的に見られる種としています。　3
※1　一部学名を表記しているものもあります。

生きものの大きさの表し方

生きものは、仲間によって大きさの表し方が違います。全長とはどこからどこまで？ 開張とはどこを測った大きさ？ これがわかれば、生きものの大きさがイメージできるようになります。

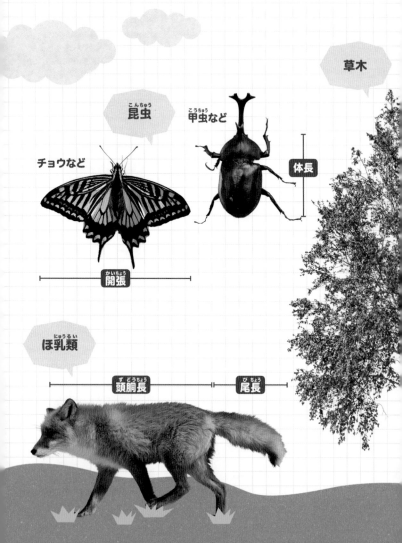

草木

昆虫

甲虫など

チョウなど

体長

開張

ほ乳類

頭胴長

尾長

4

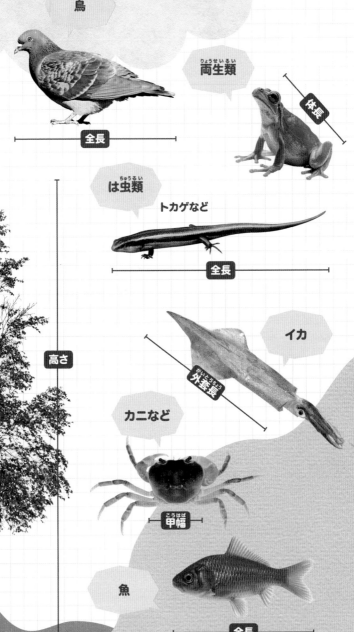

鳥

全長

両生類

体長

は虫類

トカゲなど

全長

イカ

外套長

カニなど

高さ

甲幅

魚

全長

5

1章

街にいる生きもの

メジロ

セイヨウミツバチ

ソメイヨシノ

アゲハ

キジバト

オオバコ

オオイヌノフグリ

家の周りやいつもの散歩道には、さまざまな生きものたちがいます。何気なく通っている道をよく観察してみましょう。

イチョウ科

イチョウ

● 銀杏、公孫樹　Ginkgo

扇形の葉の中央には、通常切れ込みがある

街

独特の臭気のある実が特徴

街路や公園、学校、社寺など広く植栽されている落葉樹。高さは20m以上にもなる。薄い灰褐色の樹皮は、縦に浅く不規則な溝ができている。枝や幹から、コブのようなものが出ることがあり、これは「乳」と呼ばれる。女性の乳房にも見えることから、乳があるイチョウを社寺では出産・授乳の信仰対象としているところも。

扇形の葉は長さが5～8cm。普通は中央に切れ込みがあるが、異なる個体も見られる。★雌雄異株で、枝の先に雌雄それぞれ花を咲かせる。9～11月になると実が黄熟し、ギンナンと呼ぶ。独特の臭気はあるが、臭いのは外側なので、そこを取り除いて食用や薬用に使われている。

まめ知識

生きた化石植物

恐竜がいた中世代から新生代と繁栄し、その頃の植物として現存しているイチョウ科の木として唯一のものとなる。そんなことから「生きた化石植物」とも言われている。中国で生き残っていたものが日本へと渡来。葉の形が水かきのある鴨の足に似ていることから、中国名のイーチャオ（鴨脚）が名前の由来に。

DATA　分布 全国　花期 4月～5月

　★雌雄異株：雌花がつく木と雄花がつく木に分かれていること。

生け垣によく使われる

本州は関東以南で見られ、高さ20mほどになる常緑針葉高木。生け垣や風を防ぐ防風林に使われることがある。葉は長さ10～15cmで細長い線形。雌雄異株で雄花は黄色みのある穂のような形、雌花は1個ずつつく。球形の種子は9～10月頃に熟す。赤紫色の部分は花の付け根が肥大した部分。

> **まめ知識**
> ### 幹を切ると臭う
> 伐採した際に幹から独特の臭いを発する。そのことから別名クサマキと呼ばれることもある。

実は甘くておいしい

高さ20mほどにもなる常緑針葉高木。主に庭木や生け垣に使われる。針状の葉は暗緑色で長さ1.5～2.5cm。雌雄異株で雄花は淡黄色、雌花は緑色。9～10月に赤く熟す実は甘いが、中の種には毒があるので注意。仁徳天皇の命で笏の材料に使ったことから授けられた最高の位「正一位」が名前の由来。

> **まめ知識**
> ### 薬用にされる場合も
> 枝葉などに含まれるアルカロイドは、利尿、糖尿病などの民間療法に使われることもある。

マキ科
イヌマキ
● 犬槙　● Buddhist pine

種子の下に花托がつく

DATA
分布 関東以南～九州　花期 5～6月

街

イチイ科
イチイ
● 一位　● Japanese Yew

暗緑色で針状の葉をつける

DATA
分布 全国　花期 3～4月

バラ科
ソメイヨシノ
染井吉野　Yoshino Cherry

花びらの頂部に切れ込みがある

まめ知識

吉野桜から現在の名に

桜の代名詞、ソメイヨシノ。当初「吉野桜」の名称であったが、奈良県吉野山のヤマザクラが古くから吉野桜と呼ばれており、混同されやすかったことから、現在の名前になったとされている。

街

満開時の花見でおなじみ

街路や公園に多く植えられ、高さ7〜15mになる落葉高木。満開時の美しさから花見で親しまれている。江戸時代に染井村（現在の東京都豊島区）の植木職人が、野生種のオオシマザクラとエドヒガンを交雑させて作ったといわれている。
葉は長さ5〜12cm、幅3〜6.5cmで卵を逆さにしたような形で、縁にはノコギリの刃のようなギザギザが細かい鋸歯があり、裏面の葉脈に沿って伏毛がある。
葉が出る前に直径3〜3.5cmの淡紅白色の花を一つの枝に2〜6個ずつ咲かせる。寿命は60年といわれるが折れた枝の切り口から菌が侵入しやすく、手入れや環境によっても違ってくる。

DATA　　分布　全国　　花期　3月〜4月

梅雨時になじみのある花木

ガクアジサイを原種として改良された落葉低木。梅雨の時期に花を咲かせる木として広く親しまれており、公園樹や庭木として栽培されている。高さは1～2mになり、葉は長さ7～15cmで卵形をしており光沢がある。枝先に多数の花が椀状になって咲く。品種は年々増えており、花の色合いもさまざまある。

まめ知識
花は実は小さい
花びらと思われている部分は、ガクと呼ばれるもの。実際の花弁は中心にある小さな部分。

アジサイの原種にあたる

アジサイの原種で暖地の海岸近くに自生する落葉低木。高さは1.5～2mになり、公園や庭に植栽されることも多い。長さ10～13cmの葉は卵形で表面には光沢がある。枝先の中央に咲く「両性花」は小さくてあまり目立たない。その周りを囲む「装飾花」が額縁のようなことから名前の由来に。

まめ知識
両性花は1cmほど
両性花は花径が約1cmと小さく、装飾花は花径3～5cmと大きい。色は白、淡紅紫、淡青紫など。

アジサイ科
アジサイ
●紫陽花 ●Hydrangea

中央にあるプチッとした点がつぼみで、周りの花びらのようなものはガク

DATA
（分布）全国　（花期）6～7月

街

アジサイ科　固有種
ガクアジサイ
●額紫陽花 ●Lacecap Hydrangea

両性花は小さくて目立たない

DATA
（分布）関東、紀伊半島、四国　（花期）6～7月

ミソハギ科
サルスベリ
猿滑、百日紅 ●Crape Myrtle

花びらのしわが
やや目立つ

DATA

分布 全国 花期 7〜9月

街

ツバキ科 固有種
サザンカ
●山茶花 ●Sasanqua

白以外にも淡紅色、濃紅色
などの花がある

DATA

分布 山口県、四国、九州以南

花期 10〜12月

中国原産の落葉木

公園樹や庭木で見かけることが
できる中国原産の落葉小高木。
高さ3〜7mで、幹は薄い紅紫
色をしており、皮ははげやすい
が触り心地は滑らか。角ばって
いる小枝に、長さ3〜7cmの
楕円形をした葉をペアでつける。
しわがやや目立つ*6弁花で、色
は紅色の他、白、紫、複色など
の色がある。

> **まめ知識**
> ### 滑らかな木肌が特徴
> 特徴である木肌が滑らかなことが
> 木登り名人のサルでも滑ってしま
> うという意味で現在の名前に。

★6弁花：6枚の花びらを持つ花という意味。

散るときは花びらが落ちる

四国、九州、沖縄の暖地の山に
生え、高さ5〜10mの常緑小
高木。公園や庭に植栽される。
長さ3〜6cmの葉は両端が
尖った長楕円形で光沢がある。
花は*5弁花で白色。園芸種に
淡紅色、濃紅色などがある。散
るときは花弁がばらばらに落ち
る。球形の実は8〜11月に熟
した後、3つに裂ける。

> **まめ知識**
> ### 食用や整髪料にもなる
> 昔からサザンカの種子からとった
> 油は食用や整髪料になり、若葉は
> 乾燥させてお茶にしていた。

★5弁花：5枚の花べらを持つ花という意味。

オレンジ色の小さな花を咲かす

中国原産の常緑小高木。公園樹や庭木などでよく見かける。高さは4〜6mほどに育つ。葉は長さ7〜12cmで長楕円形をしており、縁に鋸歯がある。秋に葉の付け根に集まったオレンジ色の小さな花を咲かせる。それぞれの*花冠は4裂する。雌雄異株だが、日本には雄株だけしか植えられていない。

★花冠：花びらの総称。

ハート形の葉が左右対称につく

全国の山地や渓谷で見られ、高さ20〜30mになる落葉高木。新緑の葉、秋の紅葉が美しいことから街路樹や公園樹に使われることも多い。葉は直径3〜8cmでハート形をしており、枝に左右対称につく。雌雄異株で、葉が出る前に紫色の花を咲かせるが、どちらも花弁はなく目立たない。

モクセイ科
キンモクセイ
●金木犀　●Fragrant Olive

小さいけれど香りの強い花が咲く

DATA
分布 本州以南　花期 9月〜10月

街

カツラ科
カツラ
●桂　●Katsura Tree

直径3〜8cmのハート形の葉がつく

DATA
分布 全国　花期 4〜5月

ブドウ科
ツタ
● 蔦 ● Japanese Ivy

光沢のある葉は
3つに裂けている

街

巻きひげと吸盤で壁をつたう

全国の山野の木や岩壁に生えている落葉つる性木。街中でも人家の壁をはわせているのが見られる。兵庫県にある甲子園球場の外壁を埋め尽くしているのでもおなじみ。

葉の反対側に巻きひげが出て、その先端が吸盤となって壁などをつたっていくことから現在の名前に。

巻きひげは二節続くと、次の一節には出ない性質を持つ。葉は長さ5～15cmで光沢のある卵形で、先端が3つに裂けている。縁には鋸歯、長さ約15cmの★葉柄がある。秋には紅葉するが、日当たりが悪い場所では発色が悪くなる。短い枝の先端に黄緑色の小さな5弁花が集まって咲く。10～11月になる実は球形で、熟すと黒紫色になる。

まめ知識

アイビーとの違い

一見するとアイビー（ヘデラ）によく似ているので間違えられることもあるが、アイビーはウコギ科のつる植物。常緑であり、冬でも緑色をしている。壁にはわせるとき、紅葉の美しさも楽しみたいのか、一年中緑色を楽しみたいのか、好みによって選ぶのもまた楽しい。

DATA | 分布 全国 | 花期 6～7月

★葉柄：葉身と茎をつなぐ部分のこと。

白い花が柳に積もる雪のよう

関東以南の暖地の渓谷など岩場で見られる落葉低木。高さ1〜2mで庭にもよく栽培される。葉が長さ2〜3cmで柳のように細くて小さい線状披針形。細い枝も長く伸びると柳の木のようにアーチ状にたれ下がる。春に5弁の白い花が枝いっぱいに咲き、雪が積もったように見えることから現在の名前に。

葉は朝に開き夜に閉じる

道端や空き地、庭などで見かけられる。草丈10〜30cmになる多年草。茎は多数枝分かれし、地をはっていく。柄の先にハート形の葉を3枚つける複葉。夜になると葉を閉じ翌朝再び葉を開く。閉じたときの様子が虫食いのように片側が欠けて見えることが名前の由来に。5弁の黄色い花を咲かせる。

バラ科
ユキヤナギ
●雪柳　●Thunberg's meadowsweet

3〜4月に白い花が枝いっぱいに咲く

DATA
分布 関東以南　花期 3〜4月

街

カタバミ科
カタバミ
●片喰　●Creeping Wood Sorrel

柄の先にハート形の小葉を3枚つける

DATA
分布 全国　花期 4〜10月

マメ科 外来種
シロツメクサ
●白詰草 ●White Clover

花柄に蝶のような形の
小さな白い花が集まって咲く

街

クローバーの呼び名で有名

ヨーロッパ原産の多年草。道端や空き地などでよく見かける。クローバーの呼び名でも親しまれている。基本は3枚の小葉からなる複葉だが、変異してたまに4枚になることがあり、幸運を呼ぶクローバーとして伝えられている。

茎は地をはって伸び、節々から根を下ろす。草丈は6～30cmほど。小葉はそれぞれ長さ1～3cmで先が丸く、下の方が細くなった卵を逆さにしたような形をしている。また、葉の表には緑白色でV字形の模様が入っていることが多い。

5～8月に、★葉腋から伸ばした長い花柄に、長さ1cmほどの蝶のような形をした小さな白色の花を30～80個密集させて球状になる。

まめ知識
詰め物として渡来

シロツメクサという名前は、江戸時代にオランダから輸入したガラス器や医学機器などのこわれものを保護するクッション材として使われていたのと、花が白かったことが由来といわれている。その後、牧草にしたり、植物と土を一緒に耕して肥料にする「緑肥」として使われたりするようになった。

DATA (分布) 全国 (花期) 5～8月

★葉腋：葉の付け根のこと。

カラスノエンドウ

●烏野豌豆 ●Common Vetch

小葉は先端がくぼんで
矢筈形になるものもある

花の後に真っ黒なさやをつける

本州以西の道端や空き地、堤防、畑などで見かけることができる一年草または二年草。高さは60〜90cmほど。巻きひげとなってからみつき、8〜16枚の小葉が集まってつく★羽状複葉である。小葉は長さ2〜3cmの細長い卵形。小葉の先端がくぼんで、矢筈形（下部 まめ知識参照）となるものもある。

葉の付け根に1〜3個つける花は、長さ1.2〜1.8cm。淡い紅紫色の蝶のような形をしている。花の後には3〜5cmのエンドウ豆のような細長いさやをつける。初めは緑色で、熟すにつれて黒くなる。さやの中には5〜10個ほどの種子があり、さやが乾燥すると2つに裂けて種子をはじき飛ばす。

街

まめ知識

葉の形から別名も持つ

カラスノエンドウの名前の由来は、緑色だったさやが熟すとカラスの色のような真っ黒になることからと考えられている。また、葉の形が矢筈（矢の後方にある弓の弦を受ける部分）と似ていることから由来した「ヤハズノエンドウ」の別名も持っている。

DATA | 分布 本州以西 | 花期 3〜6月

★羽状複葉：鳥の羽のように軸の左右に小葉が並ぶ葉のこと。

17

アブラナ科 **外来種**

オオアラセイトウ

● 大紫羅欄花　● Chinese Violet Cress

紫色で菜の花に似た形の
花を咲かせる

街

江戸時代に渡来した野草

繁殖力が強いので全国の土手や空き地、道端などに群生しているのを見られる。中国原産のアブラナ科の一年草。日本には江戸時代に観賞用として渡来したといわれており、昭和初期に野生化した帰化植物。

草丈は20〜60cmほどに生長する。根は白色をしていて、まっすぐに伸び、葉には茎の根元から生える根出葉と茎の上部につく茎葉がある。茎葉は縁に粗くギザギザの鋸歯が見られる。

茎の先端に10〜20個の花がつき、春に紫色の花を咲かせる。花弁は4枚で十字形をしている。

中国北部では野菜として利用され、若芽や花は、天ぷらやおひたしなどで食用できる。

まめ知識

多くの呼び名を持つ

別名を持つ野草はいろいろあるが、その中でも特に多いことで有名。オオアラセイトウとショカツサイがよく使われるが、他にはムラサキハナナ（紫花菜）、ムラサキハナ（紫花）、シキンソウ（紫金草）、ヒロハハナダイコン（広葉花大根）、ハナダイコン（花大根）などあり、どれが正式名なのかは定かではない。

DATA　（分布）全国　（花期）3〜5月

オオバコ科 **外来種**
オオイヌノフグリ
● 大犬の陰嚢　● Bird's Eye

小さい青色の花には、濃い青色の筋模様が入っている

開花の時期は長い

道端や空き地、土手、公園、畑などで見かける一年草または二年草。明治時代の初めにヨーロッパから日本に渡来したとされる帰化植物。草丈は15～30cmほど。丈夫で繁殖力が強く、茎は根元で枝分かれして地面をはうように四方に広がっていく。葉は長さ0.7～1.8cmで卵円形。

裏表にまばらに毛が生えている。茎の下部では*対生し、上部では*互生する。早春から咲かせる青い花は、太陽が当たると開き、日が暮れるとしぼんでしまう1日花。ひとつひとつの花は小さいがまるで青い絨毯を敷いたように目立つ。花弁が4枚に見えるが、根元はくっついており、花冠が4つに分かれている。濃い青色の筋模様が入っている。

まめ知識
イヌノフグリとの違い

同属で日本に古来よりあるイヌノフグリによく似ているが全体に大きいことから現在の名前に。どちらも花がしぼんだ後に果実ができ、イヌノフグリに比べてやや扁平な球状になっている。2つ並んだ果実の形がオスイヌのフグリ（陰嚢）に似ていることから、いずれもイヌノフグリの名前がつけられるようになった。

DATA　（分布）全国　（花期）2～6月

★対生・互生：葉がペアでつくことを対生、互い違いにつくことを互生という。

19

オオバコ科
オオバコ
大葉子 ● Chinese Plantain

茎の根元から放射状に
広がって生える

街

踏みつけられても丈夫な雑草

全国の空き地や道端、庭などいたる所で見かける。オオバコ科の多年草。人に踏まれても生育を続ける強さを持つ、代表的な雑草。

草丈は10〜20cm。葉は茎の根元から放射状に広がって生える根出葉。卵形で先は鈍く尖っており、葉の付け根は円形で柄に向かって狭くなっ

ている。葉が厚くて広く大きいことが名前の由来になっている。

4〜9月に*花茎の先にある細長い穂の下から上へと順に白色または淡紫色の小さな花を咲かせる。4本ある雄しべは長く、雌しべが雄しべよりも先に熟す。果実は楕円体状で、熟すと黒褐色の種子が散り、人や動物に踏まれることで生える範囲が広げられていく。

まめ知識

漢方薬や民間薬で使われる

種は車前子と呼ばれ、利尿作用や咳止め、鎮痛、下痢止めなどに用いられる漢方薬になる。他にも切り傷の治療にも効果がある民間薬として、世界各地で使われている。また「カエル葉」と呼ばれ、弱ったカエルを葉で包むと元気になるという言い伝えもある。

DATA　分布 全国　花期 4〜9月

　★花茎：葉がつかず、花だけをつける茎のこと。

ツユクサ科
ツユクサ
●露草 ●Asiatic Dayflower

3枚の花弁は2枚が大きくて
鮮やかな青、1枚が小さくて白い

街

朝露を浴びて青い花を咲かせる

全国の道端や空き地、田んぼのあぜなど、いたる所で見かける一年草。茂り始めると立ち上がった茎先は高さ20〜50cmほどになる。下部は地面を横にはうように伸びてやがて分枝していき、節からひげ根を出して増えていく。葉は長さ5〜8cm。無毛で先端が尖っている。葉の根元の方はさや状になって茎を包む。茎の上部の節からつぼみを包む葉がつき、その中に花をつける。

6〜9月に咲く花は、3枚ある花弁のうち2枚が大きくて鮮やかな青色。残り1枚は小さくて白い。6本ある雄しべのうち2本が前に長く突き出している。名前の由来は、夜明けとともに朝露を浴びて花が咲き、午後にはしおれるからといわれている。

まめ知識

葉は食用に花は色水遊びに

日本で昔から親しまれている野草の中でも、アクが少なく食べやすく、食用としておひたしなどに使われる。また虫刺されに効く薬草にもなる。鮮やかな青色の花びらは色水遊びなどにも使われる。集めた花びらを叩いてつぶし、水を足して青い色水に。レモン汁を加えるとピンク色に、重曹を加えると緑色に変化する。

DATA （分布）全国 （花期）6〜9月

イネ科
エノコログサ
●狗尾草 ●Green Foxtail

毛に覆われた円柱状で、緑色の花が咲く

街

べつめい
別名ネコジャラシでおなじみ

全国の道端や空き地などで見かける。ネコジャラシの別名で親しまれている、イネ科エノコログサ属の一年草。高さ40〜70cm。茎は根元のあたりで枝分かれして倒れ、上部は上へとまっすぐ伸びる。倒れた部分から新たに茎が枝分かれしていく。先端が尖っている葉は長さ10〜20cmで細長い線形、茎から互い違いに生じる。

7〜10月に茎の先に咲かせる薄緑色の花は毛に覆われた円柱状で、小穂が集まってできている。★花穂全体は長さ3〜6cm。咲き始めの花穂は上へまっすぐ伸びているものが多いが、次第にたれ下がるものもある。同属の中には、花穂の色が黄金色になるキンエノコロがある。

まめ知識
犬のしっぽに似ている花穂

花穂で猫をじゃらすと夢中になって遊ぶことから、別名ネコジャラシといわれる。エノコログサとの名前は、花穂が犬のしっぽに似ていることから「犬ころ草」と呼ばれていたのが由来。英名ではキツネのしっぽに似ているから、という意味が込められている。

DATA　分布 全国　花期 7〜10月

★花穂：穂のような形で咲く花のこと。

アゲハチョウ科
アゲハ
●揚羽　●Swallowtail Butterfly

黄白色地に黒い筋が
たくさん入っている

まめ知識
幼虫は角から臭いを出す

卵から孵った幼虫は、蛹になるまでの間に通常5回脱皮する。4齢幼虫までは黒い体で、5、6齢幼虫は鮮やかな緑色に目玉のような模様が入る。5、6齢幼虫は頭の先にある角から臭いを出して天敵から身を守る。

身近でよく見かけるチョウ

市街地や平地の林縁、人家周辺、里山などで見かけることができる、最もなじみのあるチョウ。アゲハチョウ科の仲間にはいろいろあるが、アゲハチョウと呼ぶ場合、この種を指すことが多い。別名ナミアゲハとも呼ぶ。

翅は黄白色の地にたくさんの黒い筋が入っている。後翅には外縁内側の黒色帯の部分に青紫色の斑が入り、長い尾状突起が見られる。年に数回発生し、夏に見られる成虫の方が、春に見られる成虫よりも大きい。ミカンやカラタチ、サンショウの葉などに卵を産みつける。卵は薄黄色の球形で大きさは1mmほど。生まれたての幼虫は鳥の糞に擬態して黒い体をしている。

DATA　開張 7～9cm　分布 全国　時期 4～10月

シロチョウ科
モンシロチョウ
● 紋白蝶 ●Cabbage Butterfly

全体が白色で
前翅に黒い紋がある

DATA
開張 4～5.5cm
分布 全国　時期 3～11月

街

白地に黒色の紋がポイント

河川敷や畑、公園などで見られるチョウ。翅は全体が白色で縁や前翅に黒い紋がある。春に見られる成虫より、夏に見られる成虫の方が大きくて、黒い紋が目立つ。幼虫は生まれたばかりは全体が黄色いが、成長につれて黄緑色になる。キャベツやナズナなどのアブラナ科の植物の葉を食べる。

まめ知識
紫外線で見分ける
人間には分からないが、モンシロチョウは翅の紫外線の反射の仕方の違いでオス・メスを見分けている。

シロチョウ科
モンキチョウ
● 紋黄蝶 ●Eastern Pale Clouded Yellow

全体が黄色で
前翅に黒い紋がある

DATA
開張 4～5cm
分布 全国　時期 3～11月

メスは翅色が2種類ある

日当たりのよい草地や市街地、公園、河川敷などで見られる。翅全体は黄色で縁や前翅に黒い紋があるが、メスには翅全体が黄色の他、白色の個体もいる。幼虫と蛹は緑色をしている。幼虫はシロツメクサなどのマメ科の植物を食べる。幼虫の状態で越冬する。成虫は白や黄色の花を好む。

まめ知識
成虫で越年はしない
成虫のまま越冬すると思われてオツネンチョウ（越年蝶）の別名があるが実際は幼虫で越年する。

赤地に7個の黒い斑点が特徴

草原や緑地、公園、街路樹の植え込みなどで見られる昆虫のひとつ。光沢のある半球形の体で頭部は前胸の下に隠れる。赤色の翅に大きな黒色の斑が7個ある。卵から成虫まで3〜4週間。幼虫は細長い毛虫のような体をしている。幼虫も成虫も肉食性であり、植物につくアブラムシを好んで食べる。

まめ知識
液体を出して身を守る
成虫は危険を感じると、足の関節から臭いのある黄色い液体を出して身を守ることがある。

翅色や模様は100種類以上

ナナホシテントウと並んで、テントウムシ科の中で有名な種のひとつ。見かける場所や大きさもナナホシテントウとほぼ同じだが、翅の色や模様がさまざまあるのが特徴。そのパターンは100種類以上ともいわれる。幼虫は細長い毛虫のような体で黒地に黄色の模様がある。幼虫、成虫ともにアブラムシを食べる。

まめ知識
集団で越冬する
テントウムシは成虫で越冬するが、本種は落葉の下などで集団になって越冬することで有名。

テントウムシ科
ナナホシテントウ
七星天道　Seven-spot Lady Beetle

黒い斑点が7個ある

DATA
体長 0.5〜0.9cm
分布 全国　時期 4〜11月

街

テントウムシ科
ナミテントウ
並天道　Lady Beetle

模様の種類が多い。写真は紅型

DATA
体長 0.5〜0.8cm
分布 全国　時期 4〜10月

ミツバチ科 **外来種**
セイヨウミツバチ

●西洋蜜蜂 ●Honey Bee

体は黒褐色で、胸のあたりに
黄褐色の短毛が密生している

街

ヨーロッパから来たハチ

もともとはヨーロッパから入ってきたミツバチ。養蜂家の飼育下にあるもの以外にも、樹木の枝や家屋の軒下などに巣を作り、集団で生活をしている（社会性昆虫という）。コロニーと呼ばれる、1つの巣に生活する。

集団は3種類のハチから構成されており、1匹の女王バチ、数百匹のオスバチ、数万匹の働きバチがいる。女王バチは一生の間に100万個もの卵を産む。オスバチは交配のみ。働きバチは花の蜜や花粉の採集・貯蔵、幼虫の世話、腹から分泌する蝋で巣を作るなどのさまざまな役割をこなす。花蜜を集めるときに後脚に花粉をつけて運ぶ働きをするので、農作物の受粉にも役立っている。

まめ知識

ダンスで花の場所を伝える

花の蜜や花粉を集めるのは働きバチの仕事のひとつ。自分が見つけた花の場所の情報を他の仲間に知らせるのに、巣に戻ってくると独特のダンスを踊る。尻を振って踊るので尻振りダンスとも呼ばれ、動き方と太陽に対する角度で仲間に花の場所を伝えているのだとか。

DATA **体長** 1.7〜2cm（女王バチ）約1.3cm（働きバチ） **分布** 全国 **時期** 3〜10月

黄色い胸を持ち大工仕事が得意

いろいろな花を訪れては花蜜や花粉を集め、人家近くでも見かける。黒色の体で、胸の部分に密生した毛は黄色い。オスの頭部には黄色い模様があり、複眼の間が狭いがメスは複眼の間がやや広い。メスは大アゴで枯れ木などに穴を開けて巣を作るので英語名に「大工（Carpenter）」がつけられている。

まめ知識
クマンバチは何のこと？
地域によってはクマンバチと呼ぶことがあるが、スズメバチ類のことを指す場合もあるので注意。

攻撃性が高い中型のスズメバチ

公園などで普通に見られる中型のスズメバチ。球形の巣を、樹枝や岩壁といった自然環境の他、人家の屋根裏や軒下に作ることもある。攻撃性が高いため、刺される被害も多いので注意が必要。集団で暮らす社会性昆虫であり、女王バチを中心にオスバチ、働きバチでコロニーが形成される。

まめ知識
樹液や蜜も吸う
小型の昆虫類を捕食するが、樹液やヤブカラシ、アレチウリなどの花の蜜を吸うこともある。

ミツバチ科
キムネクマバチ
● 熊蜂　● Carpenter Bee

大きな音を出して飛ぶが、性格は大人しく手出ししなければ人をおそってくることはない

黒色の体で、胸の部分の毛が黄色い

DATA
（体長）約2.2cm
（分布）本州〜九州　（時期）4〜10月

街

スズメバチ科
キイロスズメバチ
● 黄色雀蜂　● Japanese Yellow Hornet

他のスズメバチ類よりも腹部の黄色の割合が多い

DATA
（体長）2.5cm〜2.8cm（女王バチ）
1.7cm〜2.5cm（働きバチ）約2.5cm（オスバチ）
（分布）本州〜九州　（時期）4〜11月

カマキリ科
ハラビロカマキリ
● 腹広蟷螂　● Asian Mantis

腹部の幅が広い

腹部が幅広いのが特徴

本州以南で低木の上などで多く見られる中型のカマキリ。名前のとおり、他のカマキリに比べて腹部の幅が広いのが特徴。前翅の左右に白い斑点があり、体は緑色だが、生息場所によっては褐色の個体もいる。幼虫の頃から鎌のような形の前足を持っており、近くを飛んでいる昆虫も一瞬で捕らえて食べる。

まめ知識
昼夜で目の色が違う
本種をはじめカマキリの仲間は昼夜関係なく活動しており、眼の色が昼は緑色、夜は黒色に見える。

DATA
(体長) 4.5〜7cm
(分布) 本州以南　(時期) 8〜10月

街

カマキリ科
オオカマキリ
● 大蟷螂　● Chinese Mantis

翅を広げると見える
後翅は黒紫色、胸が黄色

日本の中で最も大きいカマキリ

林の中や草地などでよく見られ、日本にいる中では最も大型のカマキリ。体は緑色と、褐色の個体とがいる。敵が近づくと威嚇して後翅を広げて自分の体を大きく見せる。後翅に黒紫色の模様がある。メスの方がオスより大きく、交尾の最中にオスを食べることがある。メスは秋に卵を産んで死ぬ。

まめ知識
後翅と胸で見分ける
チョウセンカマキリと似ているが、チョウセンカマキリは後翅が透明であり、胸がオレンジ色。

DATA
(体長) 7〜9.5cm
(分布) 本州以南　(時期) 8〜11月

メスの体はオスの2倍

平地の草原や人家周辺などでも見かけられる、三角錐型の大きな頭が特徴のバッタ。メスは日本にいるバッタの中で最大。体は緑色、褐色の他、緑の地色に白褐色の模様が入った複合色もいる。生息する場所に合わせて体の色は変化するため、見つかりにくいことも。幼虫も成虫も植物の葉を食べる。

まめ知識
オスは飛ぶ時音を出す
オスは飛ぶ時に翅を打ち合わせてチキチキと音を出すので、チキチキバッタの愛称を持っている。

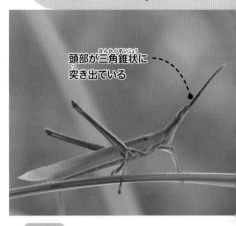

バッタ科
ショウリョウバッタ
● 精霊飛蝗 ● Oriental Longheaded Locust

頭部が三角錐状に突き出ている

DATA
(体長) 4〜5cm(オス) 7.5〜8cm(メス)
(分布) 本州以南 (時期) 8〜11月

街

上から見ると体が菱形

上から見ると全体が菱形に見えることから、この名前に。草地や公園、畑の周辺などで見られ、乾いた地面を好む。体色や模様にはいろいろなパターンがあるが、土色で背中に黒紋があることが多い。翅はあるが空を飛ぶことはなく、太くて強い後ろ足でピョンと飛びはねて移動する。

まめ知識
落葉や藻類を食べる
幼虫も成虫も、地表にはえている藻類や腐った落ち葉などを主に食べている。

ヒシバッタ科
ヒシバッタ
● 菱飛蝗 ● Grouse Locust

全体が土色をしていることが多い

DATA
(体長) 0.8〜1cm(オス) 0.9〜1.4cm(メス)
(分布) 全国 (時期) 一年中

アブラゼミ

●油蝉 ●Large Brown Cicada

ジージリ
ジリジリ

翅は前後ともに
赤褐色で不透明

街

> ### まめ知識
> **海外でも人気のセミ**
> セミは透明な翅を持っていることが多く、アブラゼミのような翅が不透明なセミは実はめずらしい。海外の虫好きにも人気のセミだそう。

不透明な翅が特徴のセミ

山地、里山、市街地の街路樹、公園など幅広い場所で見られる。サクラやナシ、リンゴなどバラ科の樹木を好んで集まることが多いが、電柱や人家の壁でも見かける。アブラゼミに限らず、セミの仲間で鳴くのはオスのみ。「ジージリジリジリ」の鳴き声が油で揚げている音に似ている

ことが名前の由来になったといわれている。
体は黒色、前胸と背内側に赤褐色の模様がある。翅は前後ともに赤褐色で不透明。脈は黄緑色または褐色。木の枝に卵を産み、卵のまま越冬する。翌年梅雨の時期に孵化した幼虫は地面に潜り、2〜5年を土中で過ごす。成虫はストロー状の口（口吻）を木に刺し込んで樹液を吸う。

DATA	体長 3.6〜3.8cm	分布 全国	時期 7〜9月

セミ科
ツクツクボウシ
● 寒蝉　● Walker's Cicada

オーシ
ツクツク

黄褐色から
黒色の体

まめ知識

腹で音を共鳴させて鳴く

多くの虫は翅をこすって出る「摩擦音」が鳴き声となっているが、セミは腹部の内側にある発音膜を振動させて音を出す。ほとんど空洞のオスの腹部でその音が共鳴し増幅されることで、大きな鳴き声になる。

街

夏の終わりを告げるセミ

平地から低山地の雑木林などに生息するが、市街地の公園や街路樹などでも見かけることができる。発生時期は晩夏から初秋にかけてとセミの仲間の中では比較的遅い。名前の由来にもなっている「オーシツクツク」の鳴き声は独特で、夏の終わりを告げるセミともいわれる。午前、午後とあまり時間に関係なく鳴くことが多い。

全体的に細長い体で、体色は黄褐色から黒色。胸や背などに緑褐色の斑紋がある。オスの腹部はほとんどが空洞で丸みがあり、メスは産卵管が先端にあるのでオスに比べて尖っている。翅にははっきりした模様はなく透明。個体差はあるが、幼虫は土中で1～2年過ごす。

DATA　（体長）2.9～3.1cm　（分布）全国　（時期）7～9月

ミンミンゼミ

●蛁蟟 ●Min-min Cicada

午前中に
鳴くことが多い

ミーンミン
ミンミー

翅よりも体の方が短い

街

短い体に長い翅が特徴

平地から山地の樹林に主に生息しているが、東日本ではアブラゼミ（P30）とともに市街地の街路樹や公園でよく見かけることができる。暑さが苦手といわれており、西日本では平地よりも山地にいることが多い。7月中旬頃から、名前のとおりに「ミーンミンミンミー」と大きな鳴き声で、どちらかというと午前中に鳴くことが多い。

他のセミと比べてオスとメスともに体は翅に比べて短くて太く、頭部の幅は狭い。体色は黒色で、青緑色あるいは黄緑色の斑紋が入るが、変異も多く、全体が緑色や黒色の個体もいる。翅は透明で長さが体よりも倍近い。ストロー状の尖った口を木に刺して樹液を吸っている。

まめ知識
道東では天然記念物に

全国に分布はしているが、北海道においては分布が局地的になっている。道南では鳴き声をよく聞けるが、道東ではほぼ聞こえない。道東で唯一、生息しているのが屈斜路湖にある和琴半島。本種が生息する最も北の地であるということで、ここに生息するミンミンゼミは別名「和琴ミンミンゼミ」と呼ばれる。

DATA 　体長 3.3～3.6cm 　分布 全国 　時期 7～9月

シャーシャー

セミ科
クマゼミ
熊蝉 ●Blackish Cicada

他の種より
頭部の幅が広い

西日本に多くいる大型のセミ

西日本に多く、公園や街路樹などで普通に見ることができる。関東以南に分布し、東京では珍しいセミだったが、最近増えつつある。

日本で見られるセミの仲間の中では最も大型。主に午前中に鳴くことが多く、鳴き声は「シャーシャー」と騒々しい。鳴き声で仲間を集める習性があるため、本種が好むセンダンやアオギリの木に群生しているのを見かける。

体は光沢のある黒色をしていて、若い成虫は黄白色の微毛に覆われているが、日数が経つにつれてだんだん毛は抜けていく。他の種よりも頭部の幅が広く、翅は透明で脈は黄緑色。オスの腹弁は長円形で橙黄色をしている。

まめ知識
今も昔も話題に

枝の中に産卵管を突き刺して卵を産む習性があることから、かつては家庭用の光ファイバーケーブルを枝と間違えて産卵のために穴を開けてしまい、断線させるトラブルが多発したことがあった。最近ではクマゼミの透明の翅には抗菌効果があると研究されていることが話題に。

DATA　体長 4〜4.8cm　分布 本州以南　時期 6〜8月

33

ジョロウグモ科
ジョロウグモ
● 女郎蜘蛛 ● Joro Spider

腹部や足は
黄色と黒の縞模様

メスがオスを
食べることもある

DATA
体長	0.6〜1.3cm（オス）1.5〜3cm（メス）
分布	本州以南	時期	9〜12月

街

メスが主役のようなクモ

メスは腹部や足に黄色や黒色の縞が入り、側面後方に赤色の斑点がある。メスに比べオスは小さく、地味な黄褐色。ときにはメスに食べられてしまうこともある。樹木の枝の間に目の細かい馬の蹄のような形の網をはる。主網の前後にさらに糸をひき、大きな三重の網となる。糸は白ではなく、黄色をしている。

まめ知識
妖怪伝説を持つ
昔から美しい女性に姿を変えて、男性を誘い込んで餌食にするクモの妖怪との伝承がある。

ジグモ科
ジグモ
● 地蜘蛛 ● Purseweb Spider

暗褐色の体をしている

DATA
体長	1〜1.5cm（オス）1.5〜2cm（メス）
分布	全国	時期	一年中

土の中に巣を作る原始的なクモ

土の中にすむ、原始的なクモ。木の根本や家の土台などの地面にトンネルを掘り、その中に細長い袋状の巣を作る。地上まで延長させた先端部を樹木や壁に付着させ、ハエやガなど獲物が止まって糸がからみつくと巣に引きずり込む。体は暗褐色をしており、オスは体全体が細長く、メスはオスに比べ腹部が大きい。

まめ知識
ジグモを釣る
巣の地面の下の部分は10cmくらい。袋状の巣をそっと引っ張り出すと、巣ごとジグモが釣れる。

ダンゴムシの愛称でおなじみ

甲殻類のほとんどは水中で生活するが、陸上にすむ甲殻類のひとつ。一般にダンゴムシと呼ぶのは本種を指している。落葉や植木鉢、石の下で見かけることができる。楕円形の体は数個の体節からなり、灰褐色から青灰色をしている。危険を感じると体を腹側に丸めて身を守る。落葉などを食べている。

まめ知識
脱皮は2回に分ける

体の前と後ろの2回に分けて脱皮する。このような脱皮の仕方は甲殻類でもめずらしい。

扁平で楕円形の体が名前の由来

人家近くの落葉や石の下など湿った場所で見られる。オカダンゴムシと同様、陸上にすむ甲殻類。楕円形で扁平な体つきが、履物のわらじに似ていたことからこの名前になった。体色は灰褐色あるいは暗褐色で艶はない。ダンゴムシと似ているが、本種は危険を感じても体を丸めることはない。

まめ知識
逃げ足は速い

オカダンゴムシとの違いは体を丸めない以外に、逃げ足が速いことがあげられる。

オカダンゴムシ科
オカダンゴムシ
● 団子虫 ● Pill Bug

危険を感じると体を丸める

DATA
(体長) 1〜1.4cm
(分布) 全国 (時期) 一年中

街

ワラジムシ科
ワラジムシ
● 草鞋虫 ● Common Rough Woodlouse

危険を感じても丸まらない

DATA
(体長) 1〜1.2cm
(分布) 北海道〜本州 (時期) 一年中

ヒキガエル科 **固有種**

ニホンヒキガエル
● 日本蟇　● Japanese Common Toad

クックッ
クックッ

耳腺から出す毒で
身を守る

DATA

体長 8〜17.6cm
分布 本州以南　時期 春〜秋

西日本にいる大型のカエル

日本に昔からいるカエルの中では、一番体が大きい。西日本の農耕地や森林、草原などの他、公園や寺社の池、人家の庭先でも見られる。体中にいぼがあり、動きはゆっくり。他のカエルに比べてあまり跳躍しない。「クックックックッ」と鳴き声を出す。ミミズやアリ、昆虫、クモ類、カニなどを採食している。

まめ知識
毒を出すことがある
耳腺から出る毒は危険から身を守るだけではなく、細菌や寄生虫から皮膚を防ぐ役割もある。

街

ヒキガエル科 **固有種**

アズマヒキガエル
● 東蟇　● Japanese Common Toad

鼓膜が大きい

ニホンヒキガエルと
同じ鳴き声を出す

DATA

体長 4.3〜16.2cm
分布 本州以北　時期 春〜秋

東日本にしかいないヒキガエル

ニホンヒキガエルと同じ、ヒキガエルの亜種であり、ガマガエルと呼ばれることもある。北海道南部から東日本に広く生息。体中にいぼがあり、ニホンヒキガエルと鳴き声は同じ。姿もよく似ているが、鼓膜が大きいのが特徴。水たまり、池、水田などに2〜7月に産卵する。ミミズや昆虫、カニなどを採食する。

まめ知識
昼間は石や木の下に
ヒキガエルは夜行性で繁殖期以外は水辺から離れることが多く、昼間は石や倒木の下などで休む。

ヘビではなくトカゲの仲間

名前にヘビとついているが、市街地の庭や草むらなどでよく見かけるトカゲの仲間。褐色の体が金属のような色に見えることが名前の由来とされる。主に地上で暮らし、日当たりのよい場所を好む。敵に襲われると、体の3分の2を占めるほどの長い尾を敵の目をそらすため自切する。

まめ知識
漢字名には諸説ある
名前の由来には諸説あり、可愛らしいヘビから「愛蛇」やヘビの遠い親戚から「蛇舅母」と書く説も。

カナヘビ科 固有種
ニホンカナヘビ
●日本金蛇　●Japanese Grass Lizard

敵に襲われると尾を自切して逃げる

尾が体より長いならニホンカナヘビ

DATA
体長 15～27cm
分布 全国　時期 春～秋

街

かぎ爪で木や壁を自在に登る

低地から高地までの庭や野原などにある石垣や草木が多い場所を巣にし、昼間に活動する。うろこには光沢があり、オスよりもメスの方が体は大きい。繁殖期にオスは喉のあたりがオレンジ色になる。指先のかぎ爪が発達しているので木や壁などを登ることができる。昆虫やクモ、ミミズなどを採食する。

まめ知識
幼体の尻尾は鮮やかな色
成体になると色が変わるが、幼体の頃は上面に5本の縦筋が入っていて、尻尾は鮮やかな青色。

トカゲ科 固有種
ニホントカゲ
●日本蜥蜴　●Japanese Five-Lined Skink

体の表面がテカテカしていたらニホントカゲ

かぎ爪が発達している

DATA
体長 15～27cm
分布 全国　時期 春～秋

★2012年に東日本に生息するものを新種の「ヒガシニホントカゲ」と分類するようになった。

ハト科
キジバト
● 雉鳩　● Oriental Turtle Dove

デデ
ポーポー

首の横に
縞模様がある

DATA
全長	33cm		
分布	全国	時期	一年中

街

ハト科
ドバト
● 堂鳩　● Rock Dove

羽は白、黒、褐色など
さまざまな色がある

クークー
グルッー

DATA
全長	35cm		
分布	全国	時期	一年中

首の横に縞模様があるのが特徴

ヤマバトとも呼ばれ、かつては山で見られていたが、市街地で見かけることが多くなった留鳥。オスとメスは同色で、年間を通してつがいでいることが多い。首の横に青灰色と紺色の縞模様があるのが特徴。通常は「デデポーポー」と鳴き、繁殖期には連続した鳴き声を出すことも。木や草の実などを採食する。

> #### まめ知識
> ### 求愛飛行が見られる
> 主に春から夏頃の繁殖期には、普段よりもやや高く舞い上がり、滑翔するという求愛飛行をする。

★家禽されたのち再び野生化

地中海沿岸から中東に生息しているカワラバトを家禽化し、それが野生化したもの。市街地や公園、農地など広く見られる。羽の色は白色、黒色、褐色などさまざまなパターンがある。「クークーグルッー」などと鳴き、人家の近くで巣を作ることもある。主食としているのは草木の種子。

> #### まめ知識
> ### お堂にいたから堂鳩に
> 昔から社寺のお堂で見かけられていたことから、堂鳩と呼ばれるようになったと考えられている。

★家禽：家畜として飼われる鳥のこと。

38

代表的な夏鳥のひとつ

市街地や農地、山にやってくる夏鳥。西日本など暖かい地方では冬を越すものもいる。頭頂からの上面は美しい紺色。尾羽にある白斑は、尾羽を開くと白線のように見えて目立つ。「土食うて虫食うてしぶ〜い」と聞こえるように鳴く。スーッと身軽に飛びながら空中を飛んでいる虫を捕らえる姿は見事。

まめ知識
尾羽が長いのがオス
オスとメスは尾羽の長さで見分ける。メスよりオスの尾羽は長く、長ければ長いほどメスにモテる。

身近でよく見られる鳥

市街地から山地の人家がある場所や農耕地、川原など、人間が暮らす生活圏内にすむ留鳥。頬にある黒斑の模様は個体によって違いが見られ、幼鳥の時は色が薄い。繁殖期以外は群れで生活し、木に集まるなどして一定のねぐらを作る。主に「チュンチュン」や「ジュジュ」と鳴く。草の種や虫を採食している。

まめ知識
砂浴びや水浴びを好む
砂浴びは羽についた寄生虫を落とし、水浴びは羽毛の汚れを落とすという役割がある。

ツバメ科
ツバメ
●燕 ●House Swallow

尾羽が長い方がメスにモテる

ツチクウテムシクウテシブーイ

DATA
全長 17cm
分布 全国　時期 4月〜9月

街

ハタオリドリ科
スズメ
●雀 ●Tree Sparrow

頬に黒斑がある

チュンチュン

DATA
全長 15cm
分布 全国　時期 一年中

ヒヨドリ科
ヒヨドリ
● 鵯　● Brown-eared Bulbul

ピーヨ
ピーヨ

オスもメスも
耳羽が茶色い

DATA

全長 28cm

分布 全国　時期 一年中

街

鳴き声が名前の由来に

平地から低山の林、市街地などでよく見られる留鳥。オスメス同色で目の下後方にある耳羽は茶色くなっている。繁殖期以外は群れで行動し、寒い地方にすむものは秋には温暖な地方へと移動するのが見られる。「ピーヨピーヨ」などと鳴き声はさわがしい。木の実や花の蜜、果実の他、虫なども捕食する。

まめ知識
海外では貴重な鳥
平安貴族が飼育していた記録があるが、日本の他、極東ロシア、中国北部、朝鮮半島などにしかいない。

ムクドリ科
ムクドリ
● 椋鳥　● Grey Starling

頭部から
首にかけて黒い

ジャー
ジャー

DATA

全長 24cm

分布 全国　時期 一年中

夕方の街路樹に大群で見られる

市街地に多くすみ、一年を通じて群れで生活している。ねぐらとしている街路樹に夕方になると大群が集まってくるため、糞公害や騒音が話題になっている。頭部から首の黒みがオスは濃く、メスは薄い。「ジャージャー」や「キュルキュル」などと鳴く。地面での採食が主で雑食性。草木の種子や昆虫類などを食べる。

まめ知識
習性が名前の由来に
名前の由来は諸説あり、椋木の実を好むから「椋鳥」、群れで木に巣を作るから「群木鳥」などがある。

ツピーツピー

ネクタイをしている
ような黒い縦線がある

街

ネクタイのような模様が特徴

平地から山地の林、市街地の樹木が多い庭園や公園などで見かける。日本全土に分布しているが、西日本は少なく、北日本に比較的多い。

特徴のひとつが白い胸にまるでネクタイをしているかのように見える黒色の縦線。オスはのどから★下尾筒まで伸びている。メスは黒色の縦線がオスに比べて細く、長さも短い個体が多い。繁殖期にはつがいで行動し、木の洞や民家の隙間などに巣を作る。この時期は縄張り意識が強くなる。「ツピーツピー」や「ジュクジュク」が地鳴きだが、繁殖期には「ツピツピツピ」とさえずる。普段は群れで過ごし、エナガやメジロ、コガラなど別種と群れることもある。昆虫類を特に好んで食べる、雑食性。

まめ知識
鳴き声に独自の文法がある

ある調査結果によると、シジュウカラの鳴き声には独自の文法法則があると考えられている。決まった順序で音を組み合わせたり、さまざまな鳴き声でコミュニケーションを取っているのだとか。さらに、シジュウカラという名前の由来には諸説あり、鳴き声のひとつである「シジュ」に由来するという説がある。

DATA　全長 15cm　分布 全国　時期 一年中

★下尾筒：尾羽を包む羽毛の下側部分のこと。

メジロ科
メジロ
●目白 ●Japanese White-eye

チー

目の周りに
白い縁取りがある

オスは腹中央と
下尾筒が黄色い

街

まめ知識
舌先は筆のような形態

サクラやツバキ、ウメなどの花の蜜が大好物。メジロの舌は先が枝分かれしており、筆のような形態をしていて、花の蜜を舌によく絡ませることができるようになっている。大好物を巡り他の個体と「キリキリキリ…」と鳴きながらけんかすることもある。

目の周りの白い縁取りが目立つ

山地の林や平地の樹木の多い公園、庭園などで多く見かける。東北以北では寒い時期は暖かい地方へと移動するが、それ以外の地域では留鳥。特徴は名前の由来にもなっている目の周りの白い縁取り。黄緑色の体はウグイスと似ているため勘違いされやすいが、目の白い縁取りがあるか

どうかで見分けはつきやすい。オスメスほぼ同色だが、オスは腹中央と下尾筒が黄色い。一年中つがいで暮らすものと、小さな群れで暮らすものがいる。樹上に隙間なく押し合うように並んで止まる様子が「目白押し」の語源といわれる。地鳴きは「チー」、繁殖期には「チイ チョチィ」と早口でさえずる。花の蜜の他、熟した柿など果物も食べる。

DATA 全長 12cm 分布 全国 時期 一年中

42

キリリコロロ

カワラヒワ

● 河原鶸　● Oriental Greenfinch

尾羽の中央が
へこんでいる

街

まめ知識
翼の色や尾羽の形が特徴的

翼と尾筒の下面が鮮やかな黄色をして
いて、飛翔するとそれらがよく見え
る。また尾羽は中央がへこんだ魚尾型
をしている。尾羽の形を目安に観察す
ると見分けがつきやすい。

川原にすむ鳥から現在の名前に

平地から山地の草原や農耕地、川原、
樹木が多い公園、住宅地などで見か
けることができる。北海道では夏鳥
として、それ以外の地域では留鳥。
オスメスほぼ同色だが、オスの方が
頭部の緑がかった色が濃く、メスは
オスに比べて全身が淡色で、頭部は
茶色っぽい。繁殖後に開けて見通し
のよい川原に集団でいることが多
い。またイネ科植物のアワやヒエな
どを主に採食することから「川原に
すんでアワやヒエを食べる鳥ヒワ」
が和名の由来になったとされる。
成鳥が好むのは草の種子。ハコベや
タンポポ、ヒマワリの種を食べる。
ヒナには昆虫の幼虫などを与えて
いる。鳴き声は「キリリコロロ」や
「ピュイーン」などと聞こえる。

DATA　（全長）14cm　（分布）全国　（時期）一年中

43

カラス科

ハシブトガラス

●嘴太鴉 ●Jungle Crow

額が前方へ突き出ている

カーカー

街

太いくちばしが特徴のカラス

もともとは森林で暮らしていたが、今では市街地で多く見られる。都心で早朝にゴミをあさっているカラスはこのハシブトガラスが多い。

全身真っ黒。くちばしも黒くて太く上側が大きく湾曲している。額が前方へと突き出しており、くちばしと段になっているように見える。

繁殖期以外は基本的に群れで生活している。樹上に巣を作るが、市街地では鉄塔など人工物に作ることもある。幼鳥の頃は羽に褐色部分が見られる。

頭が良く、記憶力にも優れている。一度でも獲物を捕らえたことのある場所を覚えていて、再び訪れる。雑食性で、魚や小動物、昆虫、果実などなんでも食べる。

まめ知識

古くから神話にも登場

日本ではハシブトガラスとハシボソガラス（P84）を身近に見ることができるが、世界的にはこれらの大型のカラスを市街地で見かけることは珍しい。また、カラスは神話にも登場するなど神聖化されており、そのひとつが日本の風土記の「八咫烏」。道に迷った神武天皇を道案内した導きの神として讃えられている。

DATA （全長）56cm （分布）全国 （時期）一年中

44

グェッグェッ

顔に2本の黒褐色の線がある

くちばしの先が黄色い

カモ科
カルガモ
●軽鴨 ●Spot-billed Duck

くちばしの先が黄色のカモ

日本で見られる30種ほどいるカモの仲間のひとつ。全国の湖沼、河川、池、沿岸地域などに暮らして繁殖するので、よく見られる。地域によって留鳥または冬鳥に、北海道では夏鳥となる。

オスとメスはほぼ同色。オスの方が体はやや大きく、顔にある2本の黒褐色線がはっきりしている。カモ類の中でもカルガモはくちばしの先が黄色いのが目立つ。飛翔時は大きく広げた翼の下から見える風切羽の黒褐色と雨覆羽の白色のコントラストがとても鮮やか。「グェッグェッ」と濁ったような鳴き声を出す。繁殖期につがいになった後、水辺のほとりの草地に巣を作る。草の実や茎、葉、水草、昆虫、貝などを採食する。

まめ知識
都会での子育ては厳しい

毎年、母親のカルガモがヒナたちを引き連れて市街地の中を移動するのが話題になる。ヒナを育てる期間は4月から8月頃。10個前後の卵を産み、ヒナが孵化するが、全部のヒナが若鳥まで育つとは限らない。都会ではカラスや野良猫など外敵が多く、なかなか現実は厳しい。

DATA　（全長）61cm　（分布）全国　（時期）一年中

45

ネズミ科
ハツカネズミ
● 二十日鼠 ● House Mouse

灰色、茶色、白など
毛色はさまざま

DATA
頭胴長	4〜8cm	尾長	5〜10cm
分布	全国	時期	一年中

街

ネズミ科
ドブネズミ
● 溝鼠 ● Brown Rat

黄みがかった灰色の体

DATA
頭胴長	11〜28cm	尾長	17〜22cm
分布	全国	時期	一年中

秋冬に人家にすみつく

春夏は畑や草原など野外で活動することが多いが、秋から冬の寒い時期になると人家にすみつく。体は小さく、灰色以外にさまざまな毛色があり、野生の他にも実験動物やペットとして飼われるものもいる。繁殖期は春と秋だが、餌が豊富だと年中繁殖する。穀物や植物の種、野菜の他、昆虫などを食べる。

まめ知識
妊娠期間は約20日
名前の由来には諸説あり、一般的には妊娠してから20日ほどで出産するからといわれている。

下水道やドブにすむ

全国の市街地で主に下水道やドブなど水のそばの湿った場所を好む。ゴミ捨て場や食品倉庫、水田、農耕地でも見られる。高い場所に登ることはなく、土に穴を掘って巣を作る。体は基本的に黄みがかった灰色だが、すんでいる環境によってより黒っぽく見えることもある。雑食性でなんでも食べてしまう。

まめ知識
水が好きで泳ぎが得意
泳ぎが得意。積極的に水の中に入って、数十メートルほどの河川でも軽々と泳いでしまう。

高い場所にすみつく

高い場所を好み全国の市街地の人家の天井裏やビルの建物内などにすみつく。体は褐色から灰褐色。ドブネズミに比べると耳が大きく、つぶらで大きな目が特徴的。警戒心が強く、賢いので本来は昼行性だが人家にすむ個体は人が寝静まった夜間に活動している。雑食性だが、穀類や芋、種などを好んで食べる。

まめ知識
ジャンプが得意
壁や配管などを容易に登り下りできる他、ジャンプも得意で2mほどなら軽く飛び越えられる。

ネズミ科
クマネズミ
●熊鼠 ●Roof Rat

ドブネズミよりも耳や目が大きい

高い場所が好き

DATA
| 頭胴長 15〜24cm | 尾長 15〜25cm |
| 分布 全国 | 時期 一年中 |

街

日没前後から活動を始める

北海道を除いた地域で、市街地にある人家の屋根裏や戸袋、壁の間、マンションの通気口などに数十頭の群れですみつく。体の上面は灰茶色、下面は灰黄色。夜行性で、日没前後にねぐらから出て河原や田んぼの上をジグザグに不規則に飛び回りながら、カやカメムシなどの小さな虫を捕まえて食べる。

まめ知識
通称はイエコウモリ
家にすみつくので通称はイエコウモリ。長崎県ではアブラムシとも呼ばれ、それが名前の由来に。

ヒナコウモリ科
アブラコウモリ
●油蝙蝠 ●Japanese Pipistrelle

家にすみつく

体の上面が灰茶色

DATA
| 体長 4〜6cm |
| 分布 本州以南 | 時期 春〜秋 |

ウグイス

アオバズク

カッコウ

タイワンリス

タヌキ

田んぼや畑、家の裏にある雑木林など、
人の近くで暮らす生きものたちもいます。
中には、山からおりてきた種もいます。

アオダイショウ

ヒダリマキマイマイ

エダナナフシ

ウマノアシガタ

ブナ科
クヌギ
- 櫟、椚 ● Japanese Chestnut Oak

樹液にカブトムシなどが
集まりやすい

DATA
分布 本州以南　花期 4〜5月

里

ブナ科
コナラ
- 小楢 ● Konara Oak

葉は卵が逆さになった形で
縁にギザギザがある

DATA
分布 全国　花期 4〜5月

甘い香りの樹液に昆虫が集まる

山地や丘陵地などに生え、里山の雑木林で最もよく見られる。高さ10〜15mになる落葉高木。葉は長さ12〜15cm。長楕円形で縁にギザギザの鋸歯がある。とても小さくて黄色い花は4〜5月頃、葉よりもやや早く開く。*雌雄同株。熟した果実は黒褐色の球状でどんぐりと呼ばれる。

> **まめ知識**
> **良質で高級な薪炭に**
> 材は薪や木炭用の他、シイタケの培養原木に用いられる。実はかつては染料に使われていた。

★雌雄同株：雌花と雄花を同じ木につけること。

逆さ卵形の葉が特徴

高さ15〜20mになる落葉高木。クヌギと同様に雑木林で見られる。葉は長さ6〜12cmで卵が逆さになった形をしており、縁に鋸歯がある。大きさと形でクヌギと見分けられる。雌雄同株。雄花の穂は枝の基部、雌花は枝の上部の*葉腋につき、小さな黄色い花を咲かせる。10〜11月になるとどんぐりができる。

> **まめ知識**
> **どんぐりで見分ける**
> コナラの方が細長く、殻斗（どんぐりの帽子部分）は椀形。クヌギは丸くて殻斗が反り返っている。

★葉腋：葉の付け根のこと。

細長い葉はタケの葉に似る

本州以南の山地や低地などに自生し、生け垣や防風林として利用される。高さ10〜20mほどになる常緑高木。葉は長さ4〜15cmで先が尖った細長い楕円形。タケの葉に似ていることから英名がついた。雌雄同株。4〜5月頃に黄褐色の花を咲かせる。秋には長さ1.5〜2cmほどの楕円形のどんぐりができる。

まめ知識
殻斗に横筋が入る
シラカシにできるどんぐりの特徴は殻斗（どんぐりの帽子部分）にあり、横筋が入っている。

実の形からこの名前に

全国の低山や雑木林の他、街路樹や庭木でも見かける落葉高木。高さ8〜10mほどになる。葉は長さ6〜15cmで卵が逆さになった形をしている。3〜4月、枝先に直径10cmほどの白い花を咲かせる。秋に長さ5〜10cmの赤紫色の実ができる。形がにぎりこぶしに似ていることが名前の由来に。

まめ知識
つぼみは北を向く
コブシだけでなくモクレン科の特徴のひとつとして、開花する前のつぼみは北を向いている。

ブナ科
シラカシ
●白樫 ●Bamboo-leaf Oak

熟すと楕円形のどんぐりができる

DATA
（分布）本州〜九州 （花期）4〜5月

里

モクレン科
コブシ
●辛夷 ●Kobushi magnolia

つぼみは北を向く

DATA
（分布）全国 （花期）3〜4月

ヤマザクラ

山桜　●Japanese Hill Cherry

赤褐色の若葉とともに
花が咲く

里

赤褐色の葉と白い花で美しい

雑木林や低山に生え、高さ15〜25mになる落葉高木。植栽されることも多い。ソメイヨシノ（P10）が誕生するまでは、一般的にサクラといえばヤマザクラを示していた。古くから花見をはじめ、多くの詩や和歌に詠まれるなどして日本人にはなじみが深い。

3〜4月の開花とともに若葉を開くのが特徴。葉は長さ8〜12cm。卵が逆さになった形あるいは長楕円形をしており、縁に細かい*鋸歯がある。若葉の色は赤褐色が基本。まれに緑や黄色の葉が見られることもある。白〜淡紅色の花は直径2〜3cmの5弁花。花が散った後の5〜6月になると直径1cmほどの球形の実は熟して黒紫色になっていく。

まめ知識

野生種は100種類ある

日本で自然種として野生しているものには、本種以外にオオヤマザクラ、カスミザクラ、オオシマザクラ、エドヒガン、マメザクラなど、変種も合わせて約100種類あるといわれている。これらをかけあわせて誕生した園芸品種も含めるとサクラの品種は約600種類にもなる。

DATA　分布 本州〜九州　花期 3〜4月

★鋸歯：葉の縁にあるギザギザのこと。

春は白い花を秋は赤い実がつく

丘陵地や山地で見られる、高さ2〜4mの落葉低木。葉は長さ3〜12cmの大きな卵形で対生しており、両面に毛が生えているので手触りはザラザラする。縁には浅い鋸歯がある。枝先に独特の香りを持つ小さい白い花が集まって咲く。9〜10月につける実は最初は赤色。熟すにつれて黒みを帯びていく。

まめ知識
赤い実は甘酸っぱい
赤い実はとても甘酸っぱく、果実酒にされることもある。野鳥がこの実を好んで食べる。

楕円形の小葉が羽状に集合

平地や山地に生える落葉小高木。高さは5〜10mになる。葉は小葉が7〜13枚の奇数羽状複葉。軸の両側にひれのような翼がある。それぞれの小葉は長さ5〜12cmで楕円形。縁に鋸歯がある。雌雄異株。8〜9月に★円錐花序のクリーム色の花を咲かせ、10月頃にできる実はオレンジ色。

まめ知識
染料の原料になる
寄生したヌルデシロアブラムシが葉につくるつぶは、タンニンを含み、染料の原料に使われる。

★円錐花序：円錐状に花がつくこと。

レンプクソウ科
ガマズミ
●莢蒾 ●Linden Arrowwood

枝先に小さい白い花が集まって咲く

実は赤く甘酸っぱい

DATA
分布 全国　花期 5〜6月

里

ウルシ科
ヌルデ
●白膠木 ●Chinese Sumac

小さな花が集合している

DATA
分布 全国　花期 8〜9月

マツ科
アカマツ
● 赤松 ● Japanese Red Pine

葉は針状で、2枚が
対になってつく

DATA
分布 本州～九州　花期 4～5月

里

赤い木肌が特徴の松

山野に生え、高さ30～40m
になる常緑針葉高木。雑木林に
多いが、乾燥した場所や湿地な
どにも生える。庭木や盆栽にも
用いられる。樹皮が赤褐色をし
ているのが、名前の由来に。針
状の葉は長さ8～12cmで2
枚が対となってつく。雌雄同株。
春、若枝に雄花は黄色、雌花は
赤紫色の花を咲かせる。

まめ知識
「雌松」の別名を持つ
樹皮や枝葉の様子が荒々しいクロ
マツ（P202）が別名「雄松」、本
種は「雌松」と呼ばれている。

ヒガンバナ科
ノビル
● 野蒜 ● Long-stamen Chive

葉をちぎると
強い香りがする

DATA
分布 全国　花期 5～6月

球形の地下茎を持つ

野原や畑、道端などで見かける
ことができる多年草。草丈は
40～70cmになる。鱗茎と呼
ばれる地下茎は、らっきょうに
よく似た球形をしている。地上
に出ている葉は線形で長さ20
～30cm。初夏になると花茎の
先に白紫色の花を咲かせるが、
中には花の部分が*珠芽（むか
ご）になることもある。

まめ知識
ネギの仲間のひとつ
ネギの仲間であり、葉をちぎると
強い香りがするのが特徴。若葉や
若い茎、球根は食用できる。

★珠芽：養分を蓄えて膨らんだ芽のこと。

54

赤みを帯びた茎に縦筋が入る

野原や道端などで見かける多年草。草丈は30〜80cm。円柱状で赤みを帯びた茎は、縦に何本かの筋が入っている。葉は長さ10cmで先が尖っている。茎の根元に生える葉には長い柄がある。雌雄異株。夏に小さい花を円錐状につける。雌花は赤色の花を、雄花は淡い黄色の花を咲かせる。

まめ知識
茎や葉に酸味がある
茎や葉にシュウ酸が含まれており、かじると酸っぱいことから現在の名前がつけられた。

タデ科
スイバ
● 酸葉 ● Common Sorrel

茎や葉が酸っぱいからスイバと名づけられた

DATA
(分布) 全国 (花期) 5〜8月

里

日陰になる場所を好む草

山地や平野の藪や雑木林などで日陰を好んで生える多年草。草丈は40〜80cm。粗い毛の生えた茎は多方に枝分かれする。葉は楕円形で先端が尖り、表面に黒紫色の模様が入ることもある。茎先からひも状に花序を出し、8〜10月には上半分は紅色で下半分は白色の小さな十字形の花を咲かせる。

まめ知識
花色からこの名前に
紅白に彩られる花色から、祝儀袋など進物を飾る紅白の水引にたとえられたことが名前の由来に。

タデ科
ミズヒキ
● 水引 ● Jumpseed

茎先からひも状の花序にいくつも花をつける

DATA
(分布) 全国 (花期) 8〜10月

マメ科
レンゲソウ
蓮華草 ●Chinese Milk Vetch

仏像の足元にある
蓮華台に似ていることから
名前がついた

まめ知識
蜂蜜としても有名

今は少ないが、レンゲソウは根に作物によい影響を与えるバクテリアの1種の根粒菌を持っていることから肥料となっていた。また、レンゲソウから作られている蜂蜜は「レンゲ蜂蜜」としても有名。

里

蓮華台のような花を咲かせる

日当たりのよい道端や野原で見かけることができる中国原産の二年草。稲刈り後の田んぼに肥料になる草として栽培されたので周辺に野生化するものもある。ゲンゲ、ゲンゲバナとも呼ばれる。
草丈は10〜30cm。葉は小葉が9〜11枚の羽状複葉で互生する。小葉は長さ0.8〜1.5cmで楕円形。先端は丸い。茎は根元で数多く枝分れを起こし地面をはって四方に広がる。
葉腋から長さ10〜20cmほどの花柄を伸ばし、先端に7〜10個の蝶形で紅紫色の花を輪状につけ、4〜6月に咲かせる。花の様子が仏像の足元にある蓮華台に似ていることが名前の由来に。

DATA　(分布) 全国　(花期) 4〜6月

56

真っ赤な鮮やかな花が印象的

道端や田んぼのあぜなどで群生している多年草。秋の彼岸の頃に花を咲かせることからこの名前に。高さ30～50cmほどの花茎を伸ばした先に5～6個の花をつける。花被は6枚。花から突き出した長い雄しべと雌しべが、より花の艶やかさを際立たせている。花が終わる頃に葉が伸びだす。

まめ知識

別名を数多く持つ

サンスクリット語（梵語）で「赤い花」の意味のマンジュシャゲなど、数多くの別名を持つ。

ヒガンバナ科
ヒガンバナ
● 彼岸花　● Red Spider Lily

長い雄しべと雌しべが
花から突き出している

DATA
（分布）全国　（花期）9～10月

里

地方によって花色が違う

日当たりのよい山野の道端などで見られる多年草。薬草として知られ、下痢や腹痛にすぐに効果があったのでこの名前に。草丈30～60cm。葉は直径3～4cmの円形で掌状に裂けている。花茎の先に花びらが5枚の花を2つ咲かせる。色は地方によって変異があり関東は白色、関西は紅紫色が多い。

まめ知識

実は種を飛ばす

熟した実は種をはじき飛ばす。はじけた後の皮の状態が神輿に似ているのでミコシグサの別名も。

フウロソウ科
ゲンノショウコ
● 現の証拠　● Oriental Geranium

葉は円形で
掌状に裂けている

DATA
（分布）全国　（花期）7～10月

ウマノアシガタ

■馬の脚形 ■Japanese Buttercup

毒が含まれるので
素手で触らない

キンポウゲの
別名でも有名

里

バターのような黄色が鮮やか

日当たりのよい草地で見られる多年草。草丈は30〜70cmほどになり、茎にも葉にも開出毛と呼ばれる、葉から直角に出る白い毛が密生している。茎は上部でいくつかに分枝する。長い柄がある*根出葉は長さ2〜12cmで先端が深く3つに裂かれ、縁にギザギザの鋸歯がある。根出葉の形が馬の蹄に似ていたことから、この変わった名前がついたといわれる。

茎先に1個あるいは数個つける黄色い花は光沢があり直径1.5〜2cmで5弁花。花弁の基部には蜜腺が見られる。実は薄くてかたい果皮に種子が包まれていて、球状に多くが集まる。キンポウゲ属には毒が含まれるため、素手では触らない。

まめ知識

キンポウゲの別名で有名

ウマノアシガタはキンポウゲ（金鳳花）という別名でも広く知られている。また、ウマノアシガタを園芸用に品種改良し、八重咲きの品種だけをキンポウゲと呼ぶこともある。かつてはそれぞれ区別していたこともあったが、現在は品種で分けることなく、キンポウゲは本種の別名とされることが多くなっている。

DATA　分布 全国　花期 4〜6月

★根出葉：茎の根元に生える葉のこと。

キク科
ヨモギ
●蓬 ●Mugwort

葉は楕円形で、羽状に2回裂けている

春の摘み草として有名

本州以南の山野、道端、畑など、どこでも普通に見られる多年草。春の訪れを感じさせる若葉の香りは高く、春の摘み草のひとつとして日本で古くから親しまれている。

高さ60〜120cm前後になり、茎は多数に分枝する。葉は互い違いに生える互生で単葉。長さは6〜12cmの楕円形で羽状に2回裂けている。裏面に白い毛が密生している。

9〜10月に茎先に淡褐色の多数の花をつける。頭花は細長く、下を向いていてつり鐘のような形をしている。花が咲く頃は地面に広がるように生えている根出葉が枯れ、草丈も伸びるため、春に見かける姿とは異なり、ヨモギと見分けるのが難しいこともある。

まめ知識
万能薬草として用いられる

独特の香りを持つ若葉を餅に入れて草餅を作ることから、別名モチグサとも呼ばれる。栄養価も高く健康食としても注目され、おひたしや天ぷらで食べることもある。万能薬草ともいわれるほど薬効もあり、漢方ではヨモギの葉を艾葉と呼び、止血や鎮痛などの治療に用いる。

DATA 　分布 本州以南　花期 9〜10月

フキ

蕗 ●Japanese Butterbur

葉は大型で
腎臓のような形

里 代表的な山菜のひとつ

本州以南の道端や堤防、空き地などで見かける多年草。高さは20～50cm。日本産の野生植物の中でも山菜として代表的な存在。

地下茎は横に長く伸び、その先に葉を出す。葉は直径15～30cmほどで灰白色の綿毛があり、長く太い多肉質の*葉柄を持つ。

雌雄異株。地下茎の先にできた花芽は、春の訪れとともに芽を包んでいた葉が広がって姿を見せる。この花芽がフキノトウといわれるもの。雄花は黄白色、雌花は白色。ともにガクが変形した冠毛を持つ。

フキノトウとフキは別の植物と勘違いする人もいるが同じ植物。フキはつぼみと葉柄が食用とされていて、天ぷらなどにすることが多い。

まめ知識
民間療法にも使われた

本種は自生する山菜だが、東北以北には栽培される品種がある。アキタブキと呼ばれ、葉の直径約1.5cmで葉柄の長さが1m以上とかなり大きい。フキは食用だけでなく民間療法として咳止めや切り傷、虫刺されにも用いられ、古くから身近な植物としてさまざまに活用されていた。

DATA　分布 本州以南　花期 3～5月

★葉柄：葉身と茎をつなぐ部分のこと。

花には紫褐色と黄色の網目模様が入る

里

鮮やかな紫に文目模様が美しい

山野の草地など、アヤメ属の中では乾いた場所を好んで生える多年草。庭園に植栽されることもある。

高さ30〜60cm。直立する葉は長さ30〜50cmで細長い。

それぞれ3枚ずつ、下にたれた*外花被片と中央で直立している*内花被片が特徴的で、遠くからでも目立つ。花茎は根元から群がって立ち、2〜3個の花をつける。花は直径8cmで紫色。たれた外花被片は卵形で基部に紫褐色と黄色の網目模様が入る。この模様や細長い葉が群がって並ぶ様子が織物などの文目模様と似ているのが名前の由来といわれている。ハナショウブと見た目が似ているが、ハナショウブの方が背が高くて花が大きい。

まめ知識

生息場所で見分けられる

どちらも優れていて優劣がつけにくいことのたとえとして「いずれ菖蒲か杜若」という慣用句がある。アヤメとカキツバタが似ていて区別がつきにくいところから生まれたものだが、どこに生えているかで見分けられる。乾いた陸地に生えていればアヤメ。水辺や湿地であればカキツバタとなる。

DATA （分布）全国 （花期）5〜7月

★外花被片・内花被片：花びらとガクの形がよく似ている場合、それらをまとめて花被片といい、ガクに当たる部分を外花被片、花びらに当たる部分を内花被片という。

61

タテハチョウ科 **固有種**

ゴマダラチョウ

胡麻斑蝶 ● Japanese Circe

ストローのような口は
鮮やかな黄色

DATA

開張	6〜8cm
分布	全国	時期	5〜8月

黄色い口が白黒に映える

平地から低山地の雑木林、市街地の公園や農耕地などで見かける。黒色の翅に白い斑紋がまだらにいくつも入るのが特徴。春型の方が夏型と比べて全体的に白っぽくなることが多い。複眼は橙色で口吻が鮮明な黄色。幼虫は角があることから、ナメクジ型といわれ、幼虫で越冬する。

まめ知識
複眼の色も違う
アカボシゴマダラとの違いは後翅の赤い模様がなく、複眼も黒ではなく橙色なので見分けられる。

里

タテハチョウ科 **外来種**

アカボシゴマダラ

赤星胡麻斑 ● Red ring skirt

後翅に
赤い斑紋がある

DATA

開張	7〜10cm
分布	関東、奄美大島、徳之島	時期	5〜10月

急速に広まる外来種

平地から低山地の雑木林や市街地で見かける。日本には奄美大島と徳之島に在来亜種が分布していたが、1995年以降、急に関東地方でもよく見られるようになった。これはもともと中国や朝鮮半島に分布する大陸亜種が人為的に放たれ、定着したと考えられている。後翅に赤い斑紋があるのが特徴。

まめ知識
赤い斑紋の形で区別
在来種は赤斑紋が濃く大きいが、大陸亜種は赤色が薄く、不完全な形だったりすることが多い。

★本州で大陸亜種を見かける機会が多いので「外来種」とした。

オオムラサキ

●大紫　●Great Purple Emperor

翅の表面は、オスが青紫色、メスが茶紫色

里

青紫色の美しく輝く翅で魅了

低地から低山地にあるクヌギやコナラの雑木林で主に暮らしている。日本で見られるタテハチョウ科の中では最大のもの。本州を中心に全国に分布する。

普通のチョウに比べ、飛翔の速度が速い。機敏な動きで滑空するような飛び方をするのが特徴。

翅の表面はオスは青紫色、メスは茶紫色でそれぞれ白や黄色の紋がある。裏面は南に生息する個体は白色が多く、北にいくほど黄色が強くなってくる。

幼虫は頭に角のような2本の突起があり、背中の突起は4対ある。幼虫はエノキの葉を食べて育つ。成虫はクヌギやコナラなどの樹液を好んで吸う。

まめ知識

絶滅が危惧される

美しい紫色の翅を持ち、英語名でも「紫の皇帝」とつけられているほど気品漂う姿。1956年にオオムラサキの記念切手が発行されたことがきっかけとなり、翌年には日本昆虫学会で国蝶に選定された。日本の樹林の面積が少なくなるとともに生息場所も減っているため、準絶滅危惧種に指定されている。

DATA　開張 7.5～10cm　分布 全国　時期 6～8月

ヤママユ

●山繭 ●Japanese Oak Silkmoth

毛羽のような触角があればオス

約14cm

目のように見える模様が
4つある

里

四つ目に見える眼状紋が特徴

平地から山地の雑木林などで主に見られる。野蚕とも呼ばれるカイコガの仲間で、本州で見かけるガの中では最も大きい。夜になると市街地などにある公園の街灯に飛んで来ることもある。

翅色は赤褐色や暗褐色、黄褐色など変異に富んでおり、前翅の先は鎌状に尖っている。それぞれの翅の中央部分には目のように見える模様（眼状紋）がある。メスの方がオスよりも翅の幅が広い。オスの触角は大きく、羽毛のような形をしているが、メスは隙間があって櫛の歯のような形をしている。

幼虫は緑色で長い剛毛がまばらに生えた芋虫型。クヌギやコナラなどの葉を食べる。

まめ知識

野蚕と呼ばれ絹糸が採れる

幼虫は繭を作り、その繭から淡黄緑色で良質の絹糸が採れることでも有名。カイコは「家蚕」と呼ばれるのに対し、ヤママユは「野蚕」という。成虫になってからは口が退化するため、カイコと同じで何も食べない。幼虫時代に蓄えておいた栄養で生きていく。

DATA | 開張 11.5〜14.5cm | 分布 全国 | 時期 8〜9月

64

トンボ科 固有種

アキアカネ

● 秋茜 ● Autumn Darter

腹部だけ赤い

これがいわゆる
「赤トンボ」だよ

里

最も親しまれている赤トンボ

平地から丘陵地にある池、沼、水田などでよく見られる。秋を代表する昆虫であり、歌などでも昔から親しまれている「赤トンボ」と呼ばれる身近なトンボのひとつ。

6月頃に池や沼などで羽化し、その時の体は黄褐色。そのまま山へと移動し、夏の暑い間は山で過ごす。オスは成熟するにつれて体が少しずつ赤くなる。涼しくなる9月頃に再び平地に戻ってくる。水田などに産卵し、卵の状態で越冬する。

本種は頭や胸は黄褐色のままで、腹部だけ赤色になるのが特徴。よく似た仲間のナツアカネは、夏でも平地で見かけられ、全身が赤くなる。

ハエやカなどを捕食。幼虫（ヤゴ）は小さな水生生物を食べる。

まめ知識

多くの害虫を食べる

平地の水田で羽化した後、避暑のため山の上へ移動し、そして秋になると山から下りて再び水田へ、と長距離を移動している。その間、水田周辺の樹林などで群れとなり、小昆虫を捕食するが移動のためのエネルギーを多く必要とすることもあって、多くの害虫を食べてくれる益虫でもある。

DATA　体長 約4cm　分布 全国　時期 6〜12月

オニヤンマ

鬼蜻蜓　Golden-ringed Dragonfly

体は黒と黄色の縞模様

里

日本で一番大きいトンボ

平地から山地にある小川や湿地の近くなどで見かけることができる、日本にいる中では最も大きいトンボ。オスは縄張りを持ち、日中は小川近辺を旋回していることが多い。
体は黒色に鮮やかな黄色の縞模様が入っている。メスは産卵管が長いため、オスより体が大きい。体を縦にして飛びながら、長い産卵管を水底の泥や砂の中に叩きつけるように刺して産卵する。成虫は大アゴの力が強く、餌となるガやハエなどを空中でさっと捕らえる。
1カ月ほどで孵化し、およそ10回の脱皮を重ねながら、3～4年かけて幼虫から成虫へと育つ。成虫になってからの寿命は、1～2カ月と短い。

まめ知識
動体視力は優れている

名前の由来は、顔つきが鬼のように怖いからという説や、縞模様のある体が鬼のパンツを連想させるからという説などがある。複眼は緑色をしており、左右の眼の幅がやや狭いのもオニヤンマの特徴のひとつ。動くものを追う動体視力に優れ、大きな複眼で上下左右広い範囲が同時に見えている。

DATA　体長 9.5～10cm　分布 全国　時期 6～10月

66

ウスバカゲロウ

● 薄翅蜉蝣　● Antlion Fly

透明な翅が4枚ある

幼虫はアリジゴク

透明な翅を使いひらひらと飛ぶ

平地から山地にかけての林や草地で見ることができる。ウスバカゲロウ科の昆虫。

体は細長くて軟らかい。体色は黒色あるいは暗褐色。透明な4枚の翅には網目状の翅脈が細かく入っている。姿はトンボ類に似るが、トンボに比べ頭部は小さく、触角が太い。

飛び方はひらひらと弱々しく、トンボのような敏捷さは見られない。

地中に産卵し、孵化した幼虫は「アリジゴク」と呼ばれ、地表にすり鉢状の巣を作り、落ちてきた昆虫を食べる。やがて土や砂を使って土繭を作り、中で蛹になる。成虫になるまで1～2年かかるといわれ、夏になると土繭から出た成虫が地上の草などに上がってくる。

里

まめ知識

幼虫はアリジゴク

幼虫であるアリジゴクの巣を探してみると、獲物を捕らえる様子を見ることができる。軒下など雨が当たりにくく、乾燥した泥がつもったところに巣を作ることが多い。アリなど小さな昆虫が巣穴の底へと滑り落ちてきたら、大きなアゴで捕らえる。

DATA　体長 3.5～4.5cm　分布 全国　時期 7～9月

カナブン

● 金亀 ● Japanese Drone Beetle

頭が四角い

DATA

体長	2.2～3cm
分布	本州～九州	時期	6～8月

里

後翅だけで飛ぶのが特徴

本州以南の低地の雑木林などに主に生息し、公園や街路樹でも見られる。クヌギやコナラ、ヤナギなどに集まって樹液を吸う。四角い頭が特徴的。体は銅色のものから緑色のものまで個体差があり、独特な輝きを持つ。飛行能力に優れ速く飛ぶのも減速も得意。前翅は開かずに後翅だけを広げて飛ぶ。

まめ知識
アオカナブンとの違い
緑色の個体をアオカナブンと間違えやすいが、本種の方が頭は短く、体も短くて幅広い。

コガネムシ

● 黄金虫 ● Chafer

美しく輝く体

DATA

体長	1.7～2.4cm
分布	全国	時期	6～7月

美しい輝きを放つ卵形の体

低地の雑木林の周辺などで見かけられ、サクラやクヌギなど広葉樹の葉を好んで食べる。卵形の体をしており、体色は緑色から赤紫色がかった緑色などの他、赤紫色、紫黒色など個体差があり、美しい輝きを持つ。幼虫が地中で植物の根を食べてしまい、野菜類など作物に被害を及ぼすことで知られる。

まめ知識
糞を食べる種も
コガネムシ科の仲間は世界に2万余種あり、ほ乳類の糞を主食にするものもいる。

コガネムシ科

カブトムシ

●兜虫 ●Japanese Rhinoceros Beetle

先が2つに分かれた
角を持つ

まめ知識

活動するのは日没後から

基本は夜行性であるため、日没後に活動を始める。成虫を捕まえるには夕方や早朝に樹液がある場所を見てみよう。夜間は外灯などもチェック。甘くて香りの強いものを好むため、果実をお酒に浸したものを仕掛けるのもひとつの方法。ただし、仕掛けたものは必ず回収する。

里

立派な角を持った人気者の昆虫

平地から山地の森林や雑木林などに生息し、クヌギやコナラなどの広葉樹の樹液に集まる。オスの立派な角を持った力強い姿から、昔から根強い人気がある昆虫のひとつ。角を使って闘うことでも知られている。オスは光沢のある黒茶色。頭の前上方に長い角状突起があり、先端は左右に二分し、その先も二分される。体が大きくなればなるほど、角も発達して立派になる。メスには角はなく、色もオスに比べて黒っぽい。土の中に産卵し、幼虫は腐葉土を食べて成長する。3回の脱皮を経て土中で越冬し、6月頃に蛹室を作って蛹となる。蛹の状態でもオスは角が生えているのがわかる。そして約3週間後に成虫になる。

DATA | 体長 2.7〜5.5cm | 分布 全国 | 時期 6〜8月

69

ノコギリクワガタ

● 鋸鍬形 ● Prosopocoilus inclinatus

オスの方がメスよりも
アゴが大きい

里

まめ知識

大アゴの形もいろいろ

オスの大アゴは、大きさによって形に違いがある。大型個体のアゴは長くて大きく湾曲している。中型個体は大型に比べて湾曲がゆるやか。小型個体は直線的で、内側にある歯のギザギザが等しく並んでいる。

水牛のような大きなアゴが見事

平地から低山地までの雑木林などに生息。夜行性で主に日没後から活動を始め、クヌギやヤナギの樹液を求めて集まる。昼間は樹上の高い場所で休息していることが多い。

体色は黒褐色から暗褐色でわずかに光沢がある。オスはメスよりも体が大きく、立派な大アゴを持つ。

地中の朽ち木に産卵し、3週間ほどで孵化する。幼虫は朽ち木を食べて育ち、幼虫期の終わりに朽ち木の中から出てきて、土の中で蛹となる。羽化した成虫は越冬して、夏に外へ出てくる。

日本には現在5亜種いて、クロシマノコギリクワガタ、クチノエラブノコギリクワガタなどそれぞれ生息する島の名前がつく。

DATA （体長）2.6〜7.5cm（オス） 2.5〜4.1cm（メス） （分布）全国 （時期）7〜9月

生息場所によって特徴が異なる

関東以南で見かけられ、体がやや平たいのが特徴。オスの大アゴの形は本州産、沖縄産、西表島産など生息する場所で異なる。体色は他のクワガタムシの仲間と同様、黒褐色から暗褐色で光沢がある。オスはクワガタムシの中では気性が荒く、大アゴではさむ力も強いので、指をはさまれないよう注意が必要。

まめ知識
小さいと光沢が増す
メスはオスよりも光沢がある。オスも小さいサイズになるにつれて体の光沢が増す傾向がある。

クワガタムシ科
ヒラタクワガタ
●平鍬形 ●Dorcus titanus

黒褐色か暗褐色で光沢のある体

DATA
体長 2.3〜8.1cm（オス） 2.1〜4.4cm（メス）
分布 本州以南 時期 5〜9月

里

大アゴの内歯は1対のみ

里山では普通に生息しており、市街地の街路樹や公園などでも見られる。名前のとおり小型のクワガタムシ。オスの大アゴはヒラタクワガタに比べて細長く、まっすぐに伸びて内歯が1対しかないのが特徴。小さな個体では内歯がない場合も。幼虫は朽ち木の中で育ち、卵から成虫になるまでは1〜2年かかる。

まめ知識
小さいなりの工夫
体が小さいので昼間は樹皮のすき間に身をひそめ、天敵に見つかりにくい安全な場所で休む。

クワガタムシ科
コクワガタ
●小鍬形 ●Dorcus rectus

アゴが湾曲せずにまっすぐ伸びている

DATA
体長 2.2〜5.3cm（オス） 2.2〜3cm（メス）
分布 全国 時期 5〜9月

ヤマトタマムシ

●大和玉虫　●Japanese jewel Beetle

背中に赤褐色の縦帯が
2本入る

光や見る角度によって
色が変わって見える

里

眩いほどの美しさを持つ甲虫

本州以南の平地から低山地の森林や雑木林などに生息する。単にタマムシという場合、本種を指すことが多い。日本で見かける甲虫目の中では特に美しいことで有名。

緑色で鮮やかな金属光沢を持っており、背中に赤褐色の縦帯が2本入る。光の当たり具合や見る角度によって色が変わって見える。天敵である鳥は、色が変わるものを怖がるため、身を守る手段にもなっている。体は細長く、触角は短い。複眼は大きい。金属光沢は腹側にもある。

日中に活動しており、エノキやケヤキなどの葉を食べていたり、その周囲を飛んでいたりする姿が見られる。幼虫は枯れ木の中で、木を食べて成長し2～3年かけて成虫になる。

まめ知識

「吉丁虫」の別名を持つ

美しい色彩を持つことで知られているが、死んでも色が変わることはない。「吉丁虫」と呼ばれ、箪笥に入れておくと着物が増えるなど、幸せを呼ぶ虫として親しまれてきた。奈良県の法隆寺にある国宝「玉虫厨子」には2500個体以上の本種の上翅が装飾に使われている。

| DATA | 体長 2.5～4cm | 分布 本州以南 | 時期 7～8月 |

72

ミミズなどを好む肉食性

本州中部から北部に生息。平地から山地の雑木林や森林などで見られる。体は長くて平たく、黒色で背面に金緑色の光沢があるが、赤や緑の個体もいる。昼間は落ち葉や石の下などに潜み、夜間に歩き回ってミミズやガの幼虫、ダンゴムシなどの昆虫を捕食する。幼虫も肉食で小型の昆虫を食べて育つ。

まめ知識
飛ぶことはできない
本種を含め、オサムシ科の多くは後翅が退化している。そのため飛んで移動することはできない。

オサムシ科　固有種
アオオサムシ
● 青歩行虫　● Carabus insulicola

黒、赤、緑など
色の種類がある

DATA
| 体長 | 2.2〜3.3cm | | |
| 分布 | 本州 | 時期 | 5〜10月 |

里

扁平で小判形の体をした甲虫

平地から山地の地表にすみ、公園や人家周辺でも見かけられる。扁平でやわらかい体をしており、色は青灰色がかった黒色。上翅に何本かの縦筋が入る。昼間は落ち葉や枯れ草の下に潜んでおり、夜になると動物の死体に集まって食べる。幼虫は古生物の「三葉虫」に姿が似ていると言われている。

まめ知識
森の掃除屋
「死んで出で来る虫」から名付けられたシデムシの仲間は、死骸を食べる森の掃除屋とも呼ばれる。

シデムシ科　固有種
オオヒラタシデムシ
● 大平埋葬虫　● Japanese Carrion Beetle

上翅に何本かの
縦筋がある

DATA
| 体長 | 1.8〜2.3cm | | |
| 分布 | 全国 | 時期 | 4〜10月 |

オサゾウムシ科
オオゾウムシ
● 大象虫　● Japanese Giant Weevil

ゾウの鼻のような口

DATA
| （体長） 1.2〜2.9cm |
| （分布） 全国　（時期） 6〜9月 |

里

オトシブミ科
オトシブミ
● 落とし文　● Giraffe Weevil

頭が長い

DATA
| （体長） 0.8〜1cm |
| （分布） 全国　（時期） 5〜8月 |

ゾウの鼻のような口を持つ

平地から山地の雑木林や森林に生息する、名前のとおり、ゾウの鼻のように長く伸びた口吻が特徴。ゴツゴツとした硬い体をしており、体色は黒色と灰褐色の斑模様。クヌギやヌルデの樹液に集まる。マツやスギなどの枯れ木に産卵し、幼虫は材部を食べ進みながら育つ。成虫の寿命は長くて2年近く生きる。

まめ知識
死んだふりが得意
身の危険を感じると死んだふりをする。数十分間全く動かずに、木からそのまま落下することも。

幼虫のためにゆりかごを作る

平地から山地の雑木林や広葉樹の林に生息。体は黒色で、翅の部分は艶のある赤褐色か濃い橙色をしている。頭部は幅が狭く、オスはメスよりも頭部が長い。メスは産卵の際にコナラやクヌギなどの葉を巻いて幼虫のゆりかごを作り、その中に産卵する。孵化した幼虫はゆりかごに使っている葉を食べて育つ。

まめ知識
葉を文に見立てた
作ったゆりかごに産卵した後、地面に落とすことから「落とし文」という名前がつけられた。

バッタ科

トノサマバッタ

◯殿様飛蝗 ◯Migratory Locust

翅は黒褐色と白の斑模様

里

貫禄たっぷりの大きなバッタ

平地から丘陵地の草原や荒地、川原などに生息し、市街地の公園などでも見かけることもある。危険を感じた際に50mは軽々と飛び回るなど、飛んで逃げるジャンプ力はバッタの中で一番の能力を持っている。別名「ダイミョウバッタ」。

体は円筒形で頭は丸い。体色は緑色の他、褐色もいる。翅には黒褐色と白色の斑模様が入る。メスの方が体は大きい。

メスは夏に産卵する。1カ月ほどで孵化するが、孵化した時点から成虫と同じ形をしていることから、変態しないという意味で不完全変態昆虫といわれている。幼虫も成虫と同じススキやイネ科の植物などを食べて育つ。

まめ知識
生息密度で変化する

生息密度によって見た目や生態が変化する現象を「相変異」と呼ぶ。周囲に仲間があまりいない環境と、仲間がたくさんいる環境では翅の長さや体の色がかなり異なり、密度が濃いとトノサマバッタは体が黒っぽくなる。集団で農作物に被害を与える「蝗災」はたくさんの仲間がいる時の姿で起こるとされる。

DATA 〔体長〕3.5～4cm(オス) 4.5～6.5cm(メス) 〔分布〕全国 〔時期〕7～11月

ヒグラシ
蜩 Evening Cicada

カナカナ

翅は透明で
わずかに緑色

DATA
体長 2.9～3.8cm(オス) 2.1～2.5cm(メス)
分布 全国 時期 6～9月

特徴的な鳴き声を出す

平地から低山地のうす暗い樹林などに主に生息する。明け方と夕方に「カナカナ」と鳴くことから、カナカナゼミと呼ばれることもある。

体は緑色に黒色や赤褐色の斑紋があることが多いが、黒色がないものや濃いものなど個体差がある。翅は透明でわずかに緑色を帯びる。

まめ知識
日暮れ以外でも鳴く
日暮れ時に鳴くことから、この名前に。曇っている日なら昼間でも鳴き声が聞こえることがある。

里

ニイニイゼミ
蟪蛄 Platypleura kaempferi

チーーー

体や翅が斑模様

DATA
体長 2～2.4cm
分布 全国 時期 6～9月

早い時期から鳴き始めるセミ

平地の森林や市街地の緑地などで見られる。サクラなどの枝を好み、他のセミよりも早い時期から「チーーー」と連続して鳴く声が聞こえる。体は短く太くてやや扁平、緑褐色に黒斑がある。翅には斑模様が入る。幼虫期間は約3年。抜け殻は小さく、泥がついているので他のセミと区別しやすい。

まめ知識
抜け殻は木の根元
羽化する幼虫は、木の幹の低い位置にとまるので、木の根元あたりで抜け殻を見つけやすい。

木の枝のように細い体が特徴

平地から低山地の明るい雑木林でコナラの木などで見られる。体色は緑色や灰褐色、黒褐色のものがいるが、体や足が細長くて木の枝に似ているので身を隠すのがうまい。小さい頭部に長い触角を持つ。翅はないので飛ぶことはできない。卵の形も変わっていて、植物の種子のような形をしている。

ナナフシ科
エダナナフシ
●竹節虫 ●Stick-insect

メスだけで繁殖する
単為生殖

DATA

体長	8.2～11.2cm(メス)
分布	本州～九州	時期	7～11月

里

"牙"から強い毒を出す

森林の落ち葉や石の下などで見かけられる、日本で一番大きなムカデ。家の周りで見られることもある。体は頭部と胴部に区別され、頭部には1対の触角を持つ。頭部と1節目が赤いことが見分けのポイント。胴部の1節目に毒を出す牙状の器官があり、これで虫や小動物を捕食する。

オオムカデ科
トビズムカデ
●蔦頭百足 ●Red Head Centipede

刺されると熱が出る
ほどの毒を持つ

DATA

体長	8～15cm
分布	本州以南	時期	3～10月

コガネグモ

黄金蜘蛛　St.Andrew's Cross Spider

身の危険を感じると
網を激しく揺する

網にジグザグの
隠れ帯を作る

里

敵が近づくと網を揺らして威嚇

本州、四国、九州、南西諸島の平地から山地にかけて生息しているクモ。田んぼなどでも見られる。

メスは、腹部の黒色と黄色の幅広い縞模様が目立つ。黒色部には小さな青い斑点が入る。オスはメスよりずっと小さく、黒褐色をしている。

林の周辺や草原などで草や木の間に大きな円形の網を張る。網の中央から四方にX字形にジグザグとした幅広い糸をつける。この部分はクモ自身の体を隠す効果を持つことから「隠れ帯」と呼ばれる。そこに歩脚を2本ずつ揃えて止まった状態で餌となる他の昆虫が近づいてくるのを待つ。身の危険を感じると、網を激しく揺すって相手を驚かしながら、身を守る様子が見られる。

まめ知識

伝統行事に用いられる

鹿児島県姶良市では本種を用いた「くも合戦」と呼ばれる伝統行事が400年以上続いている。色艶や姿形の美しさを競う部門の他、クモ同士を戦わせて勝敗を決める部門などがある。毎年6月に行われており、子どもから大人まで参加して盛り上がりを見せている。

ガンバレー！

| DATA | 体長 0.5〜0.6cm(オス) 2〜3cm(メス) | 分布 本州以南 | 時期 6〜8月 |

アマガエル科
ニホンアマガエル
■日本雨蛙 ■Japanese Tree Frog

クワックワッ
クワッ

周りに合わせて
体の色を変えられる

雨が降る前に鳴き声を出す

平地から低山地の林、水田、湿地、人家の庭の生け垣など幅広い場所で見られる。アマガエル科の中でも小型で、メスの方がオスよりも大きい。指先の吸盤が発達しており、体も軽いので枝や葉に止まったり、窓ガラスや壁などを簡単によじ登ったりできる。緑色の体に目の前後に黒い線が入っている。

4〜9月に水田や池などで産卵するが、繁殖期以外で水に入ることはほとんどない。気圧の変化に敏感で、雨の前になると木の上などに登って「クワックワックワッ」と高い声で鳴く。鳴き声が聞こえると雨が降ることから名前の由来になったともいわれる。肉食性で、クモやガの幼虫、昆虫類などを捕食している。

まめ知識
3つの色素で体色が変化

草地にいるときの体は緑色だが、枯葉や土が多い場所では茶褐色になるなどアマガエルは周りの色に合わせて体の色を変えることができる。皮膚に黄色、青色、黒色を出す「色素胞」という細胞があり、これらの働きによって体色が変化する。まれに黄色の色素胞が欠けて、体が青色になる個体がいる。

DATA　体長 2.2〜4.5cm　分布 全国　時期 春〜秋

ナミヘビ科　固有種

アオダイショウ

■青大将　■Japanese Ratsnake

毒はない

里

木登り上手で人家にすみつく

本州に生息するヘビの中では最も大きいヘビ。平地から山地、市街地や農耕地などで見かけることができ、人家の天井裏などにすみついていることもある。背面はやや青みがかった灰緑色にはっきりしない縦縞、または薄い色の斑点が入る。
7～8月に4～17個もの卵を産む。

子どもの頃は背面の銭形紋とも呼ばれる斑点が大きく目立つ。そのため、マムシと間違われることもある。性格はおとなしく、毒はない。
主食はネズミ類で、人家にいたネズミを食べてくれることで古くから日本人にとって身近な存在であった。昼間に活動しており、木登りがうまく、樹上にある鳥のヒナや卵を狙って鳥の巣を襲うことも多い。

まめ知識

シロヘビは天然記念物に

ネズミを食べるため、家にある食料をネズミから守ってくれていたことから、家の守り神といわれていた。また、黒い色素を持たない個体はシロヘビと呼ばれ、

古くから信仰の対象として保護されてきた。山口県岩国市にいるシロヘビは天然記念物になっている。

DATA　体長 110～220cm　分布 全国　時期 春～秋

おとなしくて無毒のヘビ

平地から山地にかけての草原や林、農耕地などで見られる日本の固有種。滑らかで光沢のある体は背面が赤褐色または黄褐色をしている。性格はおとなしく、毒はない。高温が苦手なため、早朝や夕暮れに活動する傾向がある。7〜8月に1〜7個ほどの卵を産む。ネズミやモグラを捕食している。

まめ知識
地に潜ることが多い
モグラやネズミを捕らえる際に地中の巣穴に潜り込むことから「地に潜る」が名前の由来となった。

毒はないが気性は荒い

河川敷や水田、草原などで昼間に見かけることができる。背面に4本の黒褐色の縦縞があるのが特徴。木に登ることなく地面をはい回る。毒は持っていないが、気性は荒く、身の危険を感じると噛みつくなどの攻撃態勢をとる。7〜8月に4〜16個ほどの卵を産む。カエルやトカゲ、他のヘビなどを捕食する。

まめ知識
カラスヘビは同種
全身真っ黒のカラスヘビと呼ばれるものがいるが、別種ではなくシマヘビが黒化したもの。

ナミヘビ科　固有種
ジムグリ
地潜 ●Japanese Forest Ratsnake

おとなしくて無毒

DATA
体長 70〜100cm
分布 全国　時期 春〜秋

里

ナミヘビ科　固有種
シマヘビ
縞蛇 ●Japanese Four-lined Ratsnake

背中に4本の黒い線がある

DATA
体長 90〜200cm
分布 全国　時期 春〜秋

オナジマイマイ科　固有種
ヒダリマキマイマイ
左巻蝸牛　Sought-after False Hadra

成貝の殻は
左に約5回半巻いている

DATA
殻径	4〜5cm		
分布	東北〜中部	時期	春〜秋

里

オナジマイマイ科　固有種
ミスジマイマイ
三筋蝸牛　Japanese Land Snail

殻に褐色の帯が
3本ある

DATA
殻径	3〜4.5cm		
分布	関東〜中部	時期	春〜秋

木には登らず地上で活動

東日本の東北から中部地方の平地から山地で見ることができる大型のカタツムリ。多くのカタツムリの殻は右巻きだが、名前のとおり、殻が左に約5回半巻いている。周縁の上の方に1本の黒色帯が入る。あまり木に登らず、地上で暮らすことが多い。セイヨウハコヤナギの葉や畑の野菜などを好んで食べる。

まめ知識
左巻きは東日本に多い
カタツムリは右巻きがほとんどで、左巻きは少ない。同じ陸生のキセルガイは左巻きが多い。

3本の筋があるのが特徴

千葉、山梨、長野、静岡などの関東地方から中部地方にかけての平地から山地で見かけることができる。名前の由来は殻に褐色の帯が3本あることから。活動範囲は地上から木の上まで。街中でアジサイの葉や塀の上などをはっているものをよく見かける。腐った葉が好物で、苔や野菜なども食べる。

まめ知識
膜で乾燥から体を守る
カタツムリ類には暑い時期や冬眠時に、殻の入り口に膜を張り、乾燥から体を守る種もいる。

チョルチョル

ヒバリ

● 雲雀　● Skylark

冠羽をよく立てて
いるのがオス

里

オスは冠羽をよく立てている

広い草地や農耕地、川原などで見かけることが多い留鳥。北海道では夏鳥となる。繁殖期にはつがいとなり、草地に巣を作る。オスメスは同色だが、頭頂部で見分けられる。★冠羽をよく立てているのがオス、あまり立てていないのがメス。他のヒバリ類との違いとして、目の下後方にある

耳羽が赤褐色をしているのが目印。繁殖期以外は小さな群れで生活している。春に繁殖期を迎え、オスが空高く舞い上がり「チョルチョル…」と長くさえずる姿がよく見かけられる。地上で行動することも多く、地上で縄張り宣言をし、つがいとなった後は草地に巣を作る。歩き回りながら餌を探す。主に植物の種子や昆虫類などを採食する。

まめ知識

さえずりは長く続くことも

春を告げる鳥として古くから身近にいたヒバリ。空中か地上で鳴くことが多いが、太めの草や杭などの上で鳴く場合もある。さえずりは、さまざまな声を複雑に組み合わせて鳴き続け、長いと1分以上鳴いていることも。このさえずりには個体差があり、それぞれに独自の鳴き声を持っているといわれている。

DATA　全長 17cm　分布 全国　時期 一年中

★冠羽：頭にあるとさか状の羽のこと。

83

カラス科
ハシボソガラス
● 嘴細鴉 ● Carrion Crow

額とくちばしが
滑らかな曲線を描く

お辞儀をするように
して鳴く

ガーガー

里

くちばしの細いカラス

主に農耕地や田園地帯、河川など開けた場所で見かけることが多い留鳥。全身真っ黒だが、日光が当たると青色や紫色の光沢が見られる。ハシブトガラス（P44）に比べて体はひと回り小さく、くちばしが細い。額が前方へと突き出してくちばしと段になっているハシブトガラスとは違い、ハシボソガラスは額とくちばしとの段差は見られず、滑らかな曲線を描いている。

繁殖期以外は群れで生活する。決まったねぐらを持っており、早朝にねぐらから飛び立つと、日中は採食場で過ごしている。雑食性だが、やや植物性寄りで木の実や種の他、昆虫類を採食することが多い。「ガーガー」と濁った鳴き声を出す。

まめ知識
鳴く時の動きを観察

ハシブトガラスとの違いは体の大きさやくちばしの細さ、鳴き声以外にも、鳴く時の動きでも見分けられる。ハシブトガラスは体を振るわせないが、体を振るわせていたり、頭を上下に振ってまるでお辞儀するような動きをしながら鳴いていたりしたらハシボソガラス。

DATA (全長) 50cm (分布) 全国 (時期) 一年中

鳴き声が鋭いハヤブサの仲間

草地や農耕地、川原、埋立地などで見かけることができるハヤブサの仲間。全体の色としてオスメスほぼ同じだが、オスのみ頭と尾羽が青灰色をしている。繁殖期以外は基本、単独で暮らす。「キイキイ」や「キッキッキッ」と鋭い声で鳴く。昆虫やトカゲ、ネズミ、スズメなど小さな動物を採食している。

まめ知識
空中飛行が特徴的
他のハヤブサ類とは違い、チョウゲンボウは停空飛行したりヒラヒラと飛びながら地上の獲物を探す。

ハヤブサ科
チョウゲンボウ
● 長元坊　● Kestrel

キイキイ

尾羽が青灰色だとオス

DATA
全長 30cm
分布 全国（繁殖は本州のみ）　時期 一年中

里

キツツキの穴を巣にすることも

平地から山地の林で見かけることができる留鳥。繁殖期以外は小さな群れを作って暮らし、シジュウカラの群れに混じることもある。オスメス同色。巣作りにはキツツキの古巣などを利用する個体もいる。「ツーツー」や「ニーニー」と鳴く。昆虫類の他、木の実でも特にエゴノキの実を好んで採食する。

まめ知識
芸をしていた賢い鳥
学習能力が高くて賢く、人にもよく慣れ、カルタ取りやおみくじを引く芸を仕込まれていたことも。

シジュウカラ科
ヤマガラ
● 山雀　● Varied Tit

ツーツー

小さな群れを作って暮らす

DATA
全長 14cm
分布 全国　時期 一年中

キジ

● 雉 ○ Common Pheasant

ケッケッ
ケーン

日本の国鳥に
なっている

里

オスはメスに比べて鮮やかな色

平地や山地の林、草地、農耕地などで見かけることができる留鳥。日本の国鳥に選ばれている。
オスの顔は赤い皮膚が露出し、光沢ある紫色や濃い緑色など全体の羽色は鮮やか。長い尾羽が特徴。メスは全体が黄褐色で黒褐色の斑点模様がある。尾羽はオスに比べて短い。

繁殖期はつがい、あるいは一夫多妻になるが、繁殖期以外はオスメスそれぞれが別の群れとなって暮らす。
普段は「ケッケッケーン」と鳴くが、繁殖期には「ケェーッケェーッ」と大きな声で鳴く。オスの縄張り争いは激しく、翼をはばたかせ「ブルルルル」と音を出して縄張りを主張する。雑食性で、主に種子や芽を好み、昆虫、カタツムリなども採食する。

まめ知識

多くの言葉にたとえられる

人の頼みごとを無愛想に拒絶する意味の言葉である「けんもほろろ」。これはキジの「ケーン」という鳴き声と、ほろうちと呼ばれる激しい羽ばたきをするのが無愛想に見えることが由来。また、メスは母性が強く、「焼け野の雉、夜の鶴」と親が子を思う愛情がとても深いことを表す言葉にもたとえられているほど。

DATA （全長）80cm(オス) 58cm(メス) （分布）全国 （時期）一年中

モズ科
モズ
- 百舌 ● Bull-headed Shrike

過眼線が黒なのがオス、褐色だとメス

キィーキィー

他の鳥の鳴きまねが得意

平地から低山地の農耕地や林、河畔林などで見かける留鳥。冬には北日本にすむものは南下する。越冬する場所で繁殖し、春に子育てが終わると親鳥は再び北へと移動する。オスは過眼線が黒色でメスは褐色。オスの翼にある白斑がメスにはない。くちばしはタカのような鋭いかぎ型をしている。

普段はゆっくり「キィーキィー」と鳴くが、漢字で百舌と表しているように鳴きまねが得意。ウグイスやメジロ、コジュケイなどの鳴き声をまねる。まねがうまいオスほどメスにモテるといわれている。秋の繁殖期には「高鳴き」と呼ばれる激しい鳴き声を出して縄張りを確保する。昆虫やネズミなどを採食する。

まめ知識
はやにえの習性を持つ

昆虫やネズミ以外にも、カエル、ミミズ、ヘビ、小鳥などを採食する。これらの獲物は捕らえてすぐ食べず、尖った枝先や有刺鉄線などに突き刺したり、木の又に挟んでおいたりする習性があり、「モズのはやにえ」と呼ばれる。近年オスが上手くさえずるために行うという説が唱えられたが、真相は明らかになっていない。

DATA　全長 20cm　分布 全国　時期 一年中

87

ウグイス科
ウグイス
鶯　Bush Warbler

ホーホケキョ

体は深い緑茶色

里 うぐいす色より深い緑茶色

平地から山地の林、高原、庭園、川原などで見かけられる留鳥。普段は小さな群れを作って行動しているが、繁殖期には縄張りを主張し、一夫多妻で子育てする場合もある。

オスメス同色。うぐいす色と色彩のたとえとしてよく使われるが、実際にはうぐいす餅などの緑がかった色合いよりも暗い緑茶色。オスはメスに比べて体が大きく、くちばしと足が長いことが見分ける目安になる。

ウグイスの鳴き声といえば「ホーホケキョ」が広く知られているが、繁殖期に「ケキョケキョ」と激しく警戒することがあり、この鳴き声は「谷渡り」と呼ばれている。雑食性でミミズや昆虫、木の実、果物の種や実などを採食している。

まめ知識

日本の三鳴鳥のひとつ

春を告げる鳥のひとつとして親しまれているウグイス。日本に生息する鳴き声の美しい鳥である、「三鳴鳥」にも含まれている（ほかはオオルリ、コマドリ）。

「ホーホケキョ」は早春だけでなく、春の深まりとともに山で巣作りを始めるため、山では夏頃まで聞くことができる。

DATA　（全長）15cm　（分布）全国　（時期）一年中

日本で一番小さいキツツキ

山地から市街地の公園などでも見られる留鳥。日本で生息するキツツキの中でも一番小さい。オスメスほぼ同色だが、オスは後頭部に赤羽色があり、小さい羽だけにほとんど見えない。繁殖期以外はシジュウカラ（P41）の群れに混じることもある。クモなどの昆虫の他、木の実などを採食している。

> ### まめ知識
> ### 金属的な鋭い鳴き声
> 「キッキッキッ」と鋭い声を出したり、つがいや家族同士でお互いを確認するのに「ギーイ」と鳴く。

頭部の赤が目立つのがオス

日本固有の留鳥であり、雑木林などで見られる。オスメスほぼ同色だが、頭部の赤色がメスは小さく、オスの方が大きい。繁殖期以外は単独行動をする個体が多い。「ピョーピョーピョーピョー」と大きい声で鳴き、飛び立つ際には「ケケケ」と鳴くこともある。虫や木の実などを採食するが、アリ類をよく食べる。

> ### まめ知識
> ### 3種類の亜種がいる
> 本州は亜種アオゲラ、四国・鹿児島はカゴシマアオゲラ、種子島・屋久島はタネアオゲラと呼ばれる。

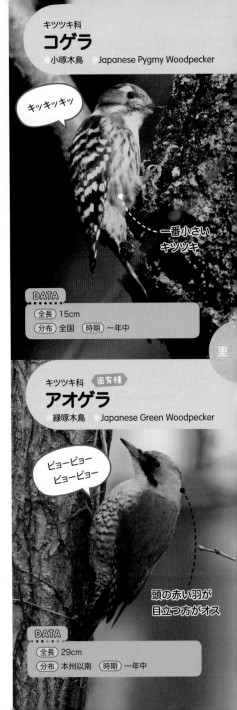

キツツキ科
コゲラ
小啄木鳥　●Japanese Pygmy Woodpecker

キッキッキッ

一番小さいキツツキ

DATA
全長 15cm
分布 全国　時期 一年中

里

キツツキ科　固有種
アオゲラ
緑啄木鳥　●Japanese Green Woodpecker

ピョーピョーピョーピョー

頭の赤い羽が目立つ方がオス

DATA
全長 29cm
分布 本州以南　時期 一年中

カッコウ

郭公 ｜ Cuckoo

カッコウ

他の鳥の巣に卵を産む

里

おなじみの鳴き声が名前の由来

夏鳥として全国で見かけられるが、本州中部から北に多い傾向がある。平地から山地の林や草原などで暮らす。オスメスほぼ同色だが、メスの中には頭から背中、翼の上面の灰色部分が赤茶色をした個体もいる。オスは繁殖期には名前の由来になったように「カッコウ」と鳴く。英名のCuckooも鳴き声が由来とされる。メスは「ピッピィ」と鳴く。

モズやホオジロ、オオヨシキリなど他の鳥の巣に卵を産み、自分のヒナを育ててもらう托卵をする鳥として知られている。なぜ托卵するのかはっきりしていないが、カッコウ属は体温が低いからという説がある。昆虫類を主食としており、ガの幼虫を好む他、毛虫なども採食する。

まめ知識
占いや民話でも親しまれる

ヨーロッパではカッコウが鳴き始める季節になると、最初に聞いた鳴き声の数で何年後に結婚できるのかを占うことがある。日本でもカッコウが出てくる昔話はいくつかあり、その中でも柳田國男の『遠野物語』は代表的なもののひとつ。カッコウとホトトギスが姉妹だったという伝承が紹介されている。

DATA ｜ 全長 35cm ｜ 分布 全国 ｜ 時期 春・夏

タカ科
オオタカ
● 大鷹　● Goshawk

キィーッ
キッキッ

まめ知識
優れた飛翔能力を持つ

羽ばたき飛行と翼を広げたまま、まるで空を滑っているかのように飛ぶグライディングを交互に行いながら、狙った獲物を追い続ける姿は見事。日本では古くから鷹狩りに使われてきた。現在は開発で生息できる場所が少なくなり、数が減少している。

メスの方が
大きい

里

メスの方が体が大きい

タカ科の代表的な鳥。日本では全国で見られるが、九州以北では留鳥として、南西諸島ではまれに冬鳥となる。平地や山地の林、河川、農耕地、湖沼などで暮らしている。オスとメスはほぼ同色だが、メスの方がオスより胴が太くて体が大きいのがタカ類の特徴。これは卵やヒナを守るメスの体が大きい方が、しっかり守れるから、という説がある。繁殖期以外は単独で行動している。アカマツなどに巣を作り、毎年同じ巣を利用することもあれば、複数ある巣を交代しながら利用することもある。警戒したときに「キィーッ キッキッキッ」など大きく鋭い声で鳴く。ハトやムクドリ、ヒヨドリなどの鳥類の他、ネズミ、ウサギなどを食べる。

DATA　（全長）50cm(オス)　57cm(メス)　（分布）全国　（時期）一年中

91

アオバズク

青葉木菟　Brown Hawk Owl

オスの方が
縦斑が太くて濃い

夜行性のフクロウの仲間

里

日本全土に来る夏鳥だが、暖かい地域では越冬する個体もいる。大木の洞に巣を作るため、平地や山地の林に限らず、街中の神社や寺の境内にある樹林で見かけることも多い。

オスメスはほぼ同色だが、オスの方が胸から腹にかけての黒褐色の縦斑が太くて濃い。尾が長いため、飛んでいる姿はタカ類と間違えられることもあるが、タカ類に比べて首が短いことからフクロウの仲間というのが見分けられる。基本的に夜に活動するため、繁殖期に「ホッホウ ホッホウ」と鳴くのも夕方からも多い。基本はゆっくり鳴くが、メスが近づくとテンポが速くなる。餌を探すときは羽音を立てず静かに飛び回り、コガネムシやガなどを採食する。

まめ知識

オスも子育てに協力的

通常は木の洞に巣を作るが、中には人家の穴や隙間を利用して営巣する場合もある。孵化するまでの間はメスが抱卵し、オスは見張り役となる。そしてヒナが成長するにつれて見張りをするのはメスのみになるか、あるいはオスメスでヒナを守ることもある。

DATA　（全長）29cm　（分布）全国　（時期）春・夏

危険を感じると
イヌのような鳴き声を出す

リス科 **外来種**

タイワンリス

● 台湾栗鼠　● Pallas's Squirrel

里

台湾産リスが日本で野生化

もともとは台湾産だが、1935年頃に伊豆大島の動物園で飼育していた個体が野生化。以降、関東、関西、九州地方の低地から山地にかけての森林地帯、市街地の公園や丘陵地など幅広い場所で見られる。日本にいるリスの中では珍しく背と腹が同じ灰茶色をしている。目が大きく、耳は短くて先端が丸い。

繁殖期以外は単独で暮らしており、冬眠せず、1年を通して繁殖が可能。細い枝や樹皮などを用いて枝の間に丸い巣を作るが、樹洞や人家の屋根裏に巣を作ることもある。外敵はワシやヘビなどで、危険を感じるとイヌのような声を出して追い払う。ドングリなどの木の実、果実、昆虫、カタツムリ、鳥の卵などを捕食している。

まめ知識

特定外来生物のひとつに

動きが素早く、優れた跳躍力を持つ。樹上で1m近くの枝の間を軽々と飛び移ることもできる。活発なため、サクラやツバキの花を食べたり、メジロやコゲラ、シジュウカラなどの卵を食べたり、電話線をかじったり、農作物に被害を与えたりと各地で問題に。2005年「特定外来生物」に指定されている。

DATA　体長 22cm　尾長 20cm　分布 本州以南　時期 一年中

93

ネズミ科 [固有種]
アカネズミ
- 赤鼠 Large Japanese Field Mouse

赤褐色の毛

DATA
体長 8.3〜14cm	尾長 6.9〜12.9cm
分布 全国	時期 春〜秋

里

野ネズミとも呼ばれる

森林、農耕地、河川敷などで見かけることができ、野ネズミと呼ばれる日本の固有種。毛色は名前のとおり赤褐色。樹上に登ることはなく、クヌギやコナラなどが生える明るい林の地中に穴を掘って巣を作る。夜行性で、夜になると巣穴から出てきて、地面に落ちたドングリや穀類などの種子、昆虫を食べる。

まめ知識
高い運動能力を持つ
大きな後ろ足は筋肉がよく発達している。高い運動力を持ち、1日で数キロ移動することもある。

ネズミ科
カヤネズミ
- 萱鼠 Harvest Mouse

耳が小さい

DATA
体長 5.4〜7.9cm	尾長 4.7〜9.1cm
分布 本州以南	時期 春〜秋

日本最小のかわいいネズミ

日本で一番小さいネズミで本州、四国、九州に生息。畑や水田、河川敷でイネ科植物が密生した場所などで見られる。耳は小さく、背部は黄褐色。しなやかな尾を草の葉や茎に巻きつけて、草を登ったり下りたりする。夜行性であり、主食としてはエノコログサやバッタ、イナゴなどを捕食する。

まめ知識
茎の上に巣を作る
ススキ、チガヤなどの葉を裂いて1m前後の茎の上に、直径8〜10cmほどの球形の巣を作る。

一生を土の中で過ごす

モグラ科 固有種

アズマモグラ

●東土竜 ●Japanese Eastern Mole

里

トンネル作りが得意

北海道を除く関東以北の東北地方から関東甲信越地方の森林、草原、畑、公園などで見かけることができる日本固有種のひとつ。

全身を覆う短く密生したビロードのような被毛は泥がつきにくく、色は褐色から暗褐色。スコップのような発達した前足で地中に穴を掘り、網目を張り巡らすようにトンネルを広げ、一生を土の中で過ごす。基本的に単独で暮らしている。縄張り意識は強く、他のモグラの気配を察知すると歯軋りのような音を出して威嚇する。寝たり起きたりを4時間ごとに繰り返し、トンネル内を動き回りながら、主食のミミズやムカデ、昆虫の幼虫などを1日に自分の体重と同じくらい食べる。

まめ知識
モグラ塚で存在がわかる

モグラはほとんど地上に姿を見せることは少ないが、トンネルを作るにあたって掘り出した土が地上に押し出される。土が盛り上がった部分は「モグラ塚」と呼ばれ、それを見つけることで姿は見えなくてもその下にはモグラの存在があるというのを認識させてくれる。

そんざい

DATA | 体長 12〜16cm | 尾長 1.4〜2.2cm | 分布 本州中部以北 | 時期 一年中

イヌ科
タヌキ
狸 ●Japanese Raccoon Dog

目の周りが黒い

尾に黒い縞模様がない
のがタヌキ

里

家族単位で行動している

平地から山地の森林や草原の他、湿地帯など水辺でも多く生息。環境への適応能力もあるので市街地の住宅地でも姿を見かけることができる。体は黄褐色に黒色の差し毛に覆われており、目の周りが黒い。ずんぐりした体つきで耳は小さくて丸く、足は短い。アライグマと間違われるこ

ともあるが、タヌキの尾には黒い縞模様はない。

通常はつがいか数頭の家族単位で暮らしており、生息する環境によって行動範囲に幅があるが、縄張り意識というのは特にない。昼間は岩穴や木の洞などにひそんでいて、夜になると食べ物を探し始める。雑食性でミミズやヘビ、カエル、トカゲ以外に昆虫、果実など何でも食べる。

まめ知識
驚くと気絶してしまう

性格はとてもおとなしく、臆病なところがある。「タヌキ寝入り」という言葉が生まれたのもタヌキのそんな性質から。突然聞こえた猟師の銃声に驚いて気絶

してしまい、その様子がわざと寝たふりをして騙しているように見えることから、古くから使われるようになった。

DATA	体長 50〜80cm	尾長 13〜25cm	分布 全国	時期 一年中

鼻先から額にかけて
白い筋がある

里

鼻筋が白いのが名前の由来に

平地から山地の林、畑の周辺に生息し、岩穴や樹洞などをねぐらとする。市街地で人家の屋根裏や倉庫などをねぐらとして生活するものも。灰褐色の体で、名前の由来にあるように鼻先から額に向かって白い筋が入るのが特徴。また目や耳の下にも白い斑紋がある。尻尾は細長い。

1年を通して繁殖は可能だが、夏から秋が多い。1年に1回、平均2～3頭の子どもを産む。
夜行性で、5本の指を使って高い場所に登るのが得意。バランスをとりながら電線を移動することも。頭が入れば狭い隙間も容易に通り抜けできる。雑食性で小鳥やネズミ、昆虫の他、果実や農作物などを食害することもある。

まめ知識
在来種か外来種かは不明

ハクビシンは在来種か外来種なのかは、さまざまな説がありはっきりわかっていない。江戸時代の書物にハクビシンと似た雷獣が描かれていることから、日本に昔からいた在来種という説や、祖先であるジャコウネコ科の化石が日本では見つかっていないので外来種という説など、他にもいくつかの説がある。

DATA 　体長 50～70cm 　尾長 30～50cm 　分布 本州、四国 　時期 一年中

イノシシ科

ニホンイノシシ

日本猪 ●Japanese Wild Pig

鼻が円筒状に
突き出している

子どもはウリ坊と
呼ばれる

里

子どもはウリ坊とも呼ばれる

山地の森林や雑木林、山裾の草原などにすむ。近年は山地の開拓などで生息場所が減少し、食糧不足などから市街地で姿を現すこともある。全身を茶色から黒褐色の硬い体毛に覆われており、特徴のひとつである円筒状に突き出した鼻の先は「鼻鏡」といわれ、扁平になっている。

オスは、繁殖期以外は単独で暮らす。繁殖は年1回。平均4〜5頭出産し、メスと子どもと親子単位の群れで生活する。生後半年頃までの子どものイノシシの体には水平方向に縞が数本入っており、その姿がウリに似ていることから「瓜坊」と呼ばれている。主に植物質を食べる雑食性で、キノコ、カシ、シイの実の他、ミミズ、カエルなども食べる。

━━━ まめ知識 ━━━

泥浴びを行う習性がある

イノシシは自分の行動範囲にあるぬかるみで転がって体をこすりつけ泥浴びをする。このような泥浴び場所を「ぬた場」という。なぜこのような習性があるのかというと、体についたダニやノミなどの寄生虫を落とすためだったり、体温調節のためだったりと考えられている。

DATA （体長）140〜170cm （分布）本州以南 （時期）一年中

どっちがどっち？
似ている生きものたち

私たちの周りには、見た目が似ている生きものたちがいます。でも、特徴を覚えれば見分けることができるようになりますよ。

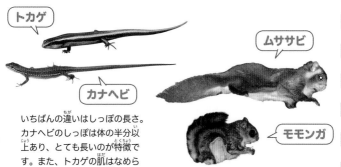

トカゲ

カナヘビ

ムササビ

モモンガ

いちばんの違いはしっぽの長さ。カナヘビのしっぽは体の半分以上あり、とても長いのが特徴です。また、トカゲの肌はなめらかですが、カナヘビの肌はカサカサしています。

ムササビは尾長28～41cm、モモンガは尾長13～17cmと、大きさがかなり違います。大きい方がムササビ、小さい方がモモンガです。ムササビの頬には白い線が入っているので、顔の模様でも見分けられます。

フクロウ

アオバズク

ミンク

イタチ

フクロウの目は黒く、アオバズクの目は黄色いのが特徴です。また、アオバズクには胸から腹にかけて縦斑があります。フクロウは全長約50cm、アオバズクは全長約20cmで、大きさも異なります。

ミンクもイタチも同じイタチ科の生きものです。ミンクの毛は毛皮として重宝されていたこともあり、光沢があります。大きさは、ミンクが頭胴長45cm、イタチは頭胴長27～37cmで、ミンクの方が大きいです。

3章

山にいる生きもの

キクイタダキ

ミズキ

ウツギ

ニホンイタチ

ノウサギ

オナガアゲハ

ニホンマムシ

アカショウビン

カワトンボ

めったに人がいない山の奥や渓谷は、生きものたちの絶好のすみかです。豊かな自然に囲まれて暮らしています。

サワガニ

ヤマメ

モリアオガエル

ブナ

櫟 Siebold's Beech

卵が逆になった形の
葉がつく

山

山の王様といわれる落葉高木

湿潤な山地で見られる落葉高木で高さ25〜30m。直径は1mを超えるほど大きくなるものもある。まっすぐな幹の雄大さと、感触が滑らかで灰白色の美しい樹皮の様子から「山の王様」といわれている。

葉は長さ6〜10cm。卵が逆になった形で先端は尖り、縁は波打つ。

同じ木に雌花と雄花がつく雌雄同株で、春に黄色くて小さな花を咲かせる。新しい枝の上部に雌花が※総苞に包まれた状態で2個つく。雄花は長さ1〜3cmの柄を持ち、枝の基部から尾状にたれ下がる。

実はやわらかいトゲのある殻斗に包まれていて、10月頃に熟すと4つに割れる。中には角ばったどんぐりが2つ入っている。

まめ知識
日本に世界最大級のブナ林がある

ブナは全国に分布し、日本海側に多い。秋田県北西部と青森県南西部にかけて広がる「白神山地」もブナ原生林として知られている。白神山地は標高が高い山が連なってできていて、人間の影響をほとんど受けていない原生的なブナ天然林が世界最大級の規模で分布するとして、1993年に世界自然遺産に登録された。

| DATA | 分布 全国 花期 4〜5月 |

★総苞：花全体を包むように葉が変形した部分のこと。

ブナ科
ミズナラ
●水楢 ●Japanese Oak

先端が尖った楕円形の
葉がつく

森に生える樹種の代表のひとつ

日本各地の山で見かける落葉高木で高さは25～30mにも達する。ブナ（P102）とともに森を構成する代表的な樹種。コナラ（P50）に似ていて、高さや葉が大きいことから、オオナラの別名を持つが、コナラとは生える場所に違いがあり、本種は海抜のより高い山に生える。

樹皮は黒褐色。長さ6～20cmの楕円形の葉は、葉先に向けて幅が広がり先端は尖っている。縁にギザギザの鋸歯がある。

雌花と雄花が1つの木に咲く雌雄同株で、5～6月に開花。雄花は枝の下部に房のようにたれ下がって多数つく。雌花は上部の★葉腋に直立して1～3個つく。10月になると長さ2～3cmのどんぐりができる。

まめ知識

材はいろいろ使われる

幹や枝に水分が多く含まれており、燃えにくいことから現在の名前がつけられたといわれる。最大で直径1mほどにもなり、材は美しい木目を持ち、加工がしやすいことで人気が高い。床板などの建築材、家具用材、器具材、ウイスキー樽材などさまざまな用途に使われている。

DATA （分布）全国 （花期）5～6月

★葉腋：葉の付け根のこと。

ミズキ

水木　Giant Dogwood

枝先にドーム状に
白い花を咲かせる

山

公園樹や庭木での植栽も多い

山地に自生し、高さ10〜15mの落葉高木。公園の緑陰樹や街路樹などに用いられ、庭木として植栽されることも多い。

まっすぐに幹は伸び、枝は放射状に横に広がって、階段のような独特な樹形となるのがミズキの特徴。葉が互い違いに生える互生で、葉は長さ6〜15cmの長楕円形から広楕円形をしており、先端は尖り、縁は滑らか。表面には光沢があり、裏面はやや白色をしている。

5〜6月に直径4mmほどの白色の小さな4弁花を多数枝先に咲かせる。10〜11月に赤から黒に熟す実は直径5〜7mmの球形をしており、ヒヨドリ（P40）などの野鳥が好んで食べる。

まめ知識

水分が多いから水木に

根から水を吸い上げる力が優れており、水分を多く含む。春先に枝を折ると水のような樹液がしたたり落ちることから、この名前になったとされる。枝が規則的に生えるため、観賞用として育てられる。成長が早い木で、狭い場所よりも広い場所で育てるのが理想。強い剪定や刈り込みにも耐えられる。

DATA　分布 全国　花期 5〜6月

ムクロジ科
イロハモミジ
●以呂波紅葉 ●Japanese Maple

手のひらのような
葉がつく

秋の紅葉で親しまれるカエデの一種

本州以南の標高1000m以下の山地で見られる落葉高木。秋の紅葉のモミジは一般的には本種のことを指しており、日本において最も親しまれているカエデのひとつ。

高さ10～15m。樹皮は淡褐色。葉が対になって生える対生で、葉はやや薄く、長さと幅も同じ4～7cmの円心形で、掌状に深く5～7裂し、先端が尖っている。縁には鋭いギザギザがある。葉柄は2～4cm。

4～5月に直径5mmほどの小さな深紅色の5弁花が枝先にいくつも集まってたれ下がる。

9～10月につける実にはプロペラのような翼があり、風に吹かれると回転しながら飛んでいくため、子どもの遊びに使われることもある。

まめ知識
文字で葉の裂けた部分を数えていた

葉の手のひらのように深く大きく裂けている部分を数えるのに「いろはにほへと」の文字を当てていたことが名前の由来に。代表的な紅葉の名所のひとつである京都の高雄で見られることからタカオモミジと呼ばれることもある。古くから多くの園芸品種が作られている。

DATA 　分布 本州～九州　花期 4～5月

ムクロジ科
トチノキ

● 栃の木　● Japanese Horse Chestnut

たくさんの白い花が
円錐形に咲く

DATA
| 分布 | 全国 | 花期 | 5〜6月 |

山

円錐形に咲く白い花が目立つ

山地の谷沿いや水辺で見られる落葉高木。高さ15〜20mで街路樹や庭木としても栽植される。葉は対生し、直径は大きいもので50cmにもなる手のひらのような形で、小葉は5〜7枚、長さ20〜40cmで卵が逆になった形。縁に粗い鋸歯がある。5〜6月に複数の白い花を円錐形に咲かせる。

まめ知識
種子は食用に加工
クリに似ている種子にはでんぷんが含まれ、渋抜きして栃餅という餅にされる。

バラ科
ナナカマド

● 七竈　● Japanese Mountain Ash

紅葉だけでなく
赤い実も鮮やか

7回かまどに入れても
燃えなかったことが
名前の由来

DATA
| 分布 | 全国 | 花期 | 5〜7月 |

秋は鮮やかに紅葉する

山地に自生し、高さ6〜10mになる落葉小高木。庭木に多く、北日本では街路樹としても見られる。互生する葉は*羽状複葉で、9〜15枚の小葉からなる。小葉は長さ4〜8cmの長楕円形。秋には鮮やかに紅葉する。初夏に白色の小さな5弁花が枝先に多数つく。10〜11月に赤い実がつく。

まめ知識
材は燃えにくい
材が堅くて燃えにくく、7回かまどに入れても燃えつきないことから、この名前がつけられた。

★羽状複葉：鳥の羽のように軸の左右に小葉が並ぶ葉のこと。

106

幹や枝の中が空いている木

山地で日当たりのよい場所で見られる落葉低木。高さは1〜3m。幹や枝の中が空っぽなので空木となった。対生する葉は縦長の卵形で長さ4〜10cm。縁にギザギザの鋸歯がある。5〜6月に白い花が咲く。花は直径約1cmの5弁花で鐘形。10〜11月になる実は球形をしている。

まめ知識
別名はウノハナ
開花が旧暦の卯月なのでウノハナの別名も。おからをウノハナと呼ぶのはこの花に似ているから。

アジサイ科
ウツギ
●空木 ●Deutzia

円錐形に白い花が複数咲く

DATA
分布 全国　花期 5〜6月

山

山の風に吹かれる姿が優雅

湿気のある場所を好み、渓谷に生える高さ1〜2mの落葉低木。公園樹や庭木としても多く見られる。緑色の枝は細くしなやか。葉は互生し、長さは3〜10cmで卵形、先端が尖り、縁に二重の鋸歯がある。枝の先端に山吹色の5弁花を1個ずつ咲かせる。実は3〜5個ずつ放射状に並び、茶褐色に熟す。

まめ知識
山吹色の語源に
濃厚で深みのある黄色の花から山吹色の言葉が生まれた。八重咲きとなるヤエヤマブキもある。

バラ科
ヤマブキ
●山吹 ●Japanese Kerria

葉のギザギザが二重になっている

DATA
分布 全国　花期 5〜6月

ツツジ科 固有種
ヤマツツジ
○山躑躅 ○Torch Azalea

花冠は5つに分かれる

山

山野で見られる代表的なツツジ

全国の山野で普通に見られる代表的なツツジ科の半落葉低木。高さは1〜3mになる。春に伸びて冬に落ちる葉と、秋に伸びて冬を越す葉があるが、北国ではすべての葉を落とす。春の葉は長さ3〜5cmで広卵形、両面に褐色の長毛が生えており、裏面の葉脈上には特に密に生えている。秋の葉は長さ1〜2cmで、卵を逆にした形をしている。

春には枝先に2〜3個の花を咲かせる。花冠は漏斗のように広がった形をしており、直径4〜5cmほどの大きさがある。花色は赤、紫紅、朱色などいろいろな色がある。花冠の上側内面に濃い色の斑点が入る。10月頃に見られる実は、褐色の長毛が密生している。

まめ知識
地方によって変異がある

日本固有種であり、『万葉集』にも詠まれたツツジ。古くから日本人に親しまれている。日本には自生しているツツジの仲間は約17種あり、地方によって変異が見られる。北海道に咲く萼片の大きなエゾヤマツツジ、伊豆大島に咲く芽鱗が大きいオオシマツツジなどがある。

DATA （分布）全国 （花期）4〜5月

トゲトゲした葉が特徴

関東以南の山地で見られる高さ
3～5mの常緑小高木。よく枝
分かれする。葉は対生し、厚み
があって硬く、光沢がある。長
さ3～6cmの楕円形で先端は
尖り、葉縁に沿って両側に1～
3個の鋭い鋸歯がある。老木に
なると鋸歯が無くなるものも多
い。雌雄異株で、晩秋に直径約
5mmの小さな白い花が咲く。

まめ知識
オニオドシの別名も
葉がトゲトゲしていることから鬼
を退散させるとされ、節分に枝に
マイワシの頭を刺して飾る。

モクセイ科
ヒイラギ
柊 Holly Osmanthus

葉のギザギザが
鋭い

DATA
分布 関東以南 花期 10～12月

山

庭園樹としても見られる

山地に生える高さ30～50m
の常緑針葉高木。樹皮は暗灰色
で鱗状にはがれる。枝はやや斜
め上に伸びる。葉は線形で長さ
2～3.5cm。若木の葉は先端
が2裂する。雌雄同株。前年の
枝に雄花は下向きについて黄色、
雌花は上向きについて緑色の花
を咲かせる。実は10月頃に熟
す実は約10cm。

まめ知識
クリスマスに活躍
クリスマスツリーに使う木として
おなじみ。材は彫刻、建築、家具、
太鼓の胴や槌にも利用する。

マツ科
モミ
樅 Momi Fir

線のように
細い葉がつく

DATA
分布 本州～九州 花期 5～6月

ヒノキ科
スギ
杉 ●Japanese Cedar

樹皮は赤褐色で縦に細長く裂ける

まめ知識
使われる用途はいろいろ

日本で最も長寿の樹種といわれており、有名なのは屋久島の樹齢数千年の縄文杉。成長の早さや材の加工のしやすさなどから建築材として植栽され、家具、器具、船舶、箸などに使われる。また、酒や味噌、醤油などの樽もスギの木が用いられる。

山

春に大量の花粉を飛ばす

本州以南の山地に生える常緑針葉高木。高さ30〜50m。日本人にとって重要な材木として、樹木の中では最も多く植栽されている。庭園や生け垣、盆栽などにも用いられる。樹皮は赤褐色で縦に細長く裂けてはがれる。長さ1〜2cmで先端が尖った針状の硬い葉はやや湾曲し、枝に螺旋状に密生している。雌雄同株で雄花は淡黄色で長さ5〜7mmの長楕円形で枝端に多数つく。春先の晴れた日に風が吹くとこの雄花から大量の花粉が飛ばされる。雌花は緑色で直径4〜5mmの球形で枝の先につく。10月頃熟す実は松ぼっくりと同じように褐色の木の幹のような鱗状の葉が球形に集まってできる*球果となる。

DATA 　（分布）本州〜九州 　（花期）3〜4月

★球果：マツ科、スギ科、ヒノキ科などの樹木がつける実のこと。

ヒノキ科
ヒノキ
● 檜 ● Hinoki Cypress

葉には
白い気孔線が
見える

山

まめ知識

材だけでなく葉も活用

ヒノキには材に精油分が含まれ、昔は木をこすりあわせて火を起こしたことから「火の木」と呼ばれ、それが名前の由来という説がある。他にも最高の木と称えられたことから「日の木」や「霊の木」の説もある。葉には殺菌と防腐効果がある。

植栽面積はスギの次に多い

福島県以南の山地に広く分布する常緑針葉樹。材木用として植栽されてきた面積としてはスギの次に多い。高さ30～40mで幹は直立し、赤褐色の樹皮は縦に裂けて薄くはがれる。葉は長さ1～3mmの鱗状の小さな葉が組み合わさっており、先端は丸い。葉の裏面にある★気孔線がY字形に白く浮き上がって見える。1本の木に雄花と雌花がそれぞれ咲く雌雄同株。3～4月に開花する。雄花は黄褐色で直径2～3mmの楕円形で、春に花粉が多く放出される。雌花は赤紫色で直径3～5mmの球形。花が咲いた後には10mmほどの球形の実ができ、11月頃に赤褐色に熟す。冬になると実が木の下に転がっているのが見られる。

DATA （分布）本州（福島県以南）～九州 （花期）3～4月

★気孔線：植物が呼吸や光合成をするための穴（気孔）が並んでいる部分のこと。

キンポウゲ科

フクジュソウ

福寿草 ■ Far East Amur Adonis

黄金色の花を茎の下に
1個つける

山

黄金色の花が愛されてきた

山の落葉樹林内で見られる多年草。正月の祝花用として栽培され、縁起のいい花ということから現在の名前になった。根茎は太く短く、多数の根を出す。高さは10～30cm。茎の根元から生える根出葉はなく、葉は互い違いに生え、★葉柄は長い。ニンジンの葉に似ている。

直径3～4cmで20～30枚の花びらを持つ黄金色の花を枝先に1個つける。花びらとガクの長さは、ほぼ同じか花びらが少し長い。花は、太陽が出て気温が上がると開き、気温が下がると閉じる。太陽が出ていないような寒い日には花は開かない。花の後に茂らせた葉も夏になると枯れ落ちる。4～5月にできる実は3～4mmほどの大きさ。

まめ知識
薬として用いられる

江戸時代後期には園芸用品種が100種類ほど作られたが、現在も残っているのは40品種ほど。元日草、長寿草、福神草など縁起を担ぐ別名を持つものがある。

強心作用、利尿作用があることで「福寿草根」の生薬名があるが、草全体に毒が含まれているため、素人が手を出すと大変危険。

DATA 分布 全国 花期 2～4月

★葉柄：葉身と茎をつなぐ部分のこと。

ウコギ科
ウド
●独活 ●Udo

茎には細かい
トゲがある

野生のウドは香りが高い

林や山の草原などに生えている多年草。高さ1〜1.5m。若い茎や葉は代表的な山菜として親しまれているが、スーパーなどで見かける白いウドは土を盛るなど人工的に栽培されたもの。野生のウドは香りが高くてアクも強いのが特徴。

まっすぐに伸びた太い茎には細かいトゲがある。葉は長い柄を持つ羽状複葉。小葉は卵形で長さは3〜30cmで縁に小さなギザギザの鋸歯がある。

8〜9月に薄緑色の小さな花が茎の先に多数集まって球状に咲く。花は5枚の花びらでできている。花が咲き終わった10〜11月には直径1〜3mmで球形をした実が黒紫色に熟す。

まめ知識
実はいろいろと役立つ

体ばかり大きくて立派でも、役にたたない者のたとえとして「ウドの大木」という慣用句がある。これはウドは木のように成長するが茎が柔らかくて材としては使えないことからきている。だが、実際には若葉や茎はおいしい山菜に。乾燥させた根は風邪薬として役立っている。

DATA 　分布 全国 　花期 8〜9月

山

アゲハチョウ科
オナガアゲハ
●尾長揚羽 ●Long Tail Spangle

後翅の縁に赤色の
三日月形の模様がある

まめ知識
集団で水を吸うことも

成虫は昼間にゆっくり舞いながらツツジやクルマユリなどの花蜜を吸う。水たまりや湿地帯などの地面にたくさんの個体が集まり、集団となって吸水する様子も見られる。

山

尾のような長い突起を持つ

薄暗い場所を好み、丘陵地帯の雑木林や山地の渓谷沿いなどで見られる。日本では北海道から九州に分布するが、北海道の寒冷地と九州最南部では見かける機会は少ない。

前翅、後翅ともに細長い。名前の由来にもなったように、後翅の下方にある突起（尾状突起）が長いのが特徴。翅色は全体的に黒色で艶がある。後翅の外縁には赤色の三日月形の模様が並び、メスはオスに比べてこの模様が鮮明な個体が多い。また、オスは後翅の前方の縁は白くなっている。普通は年2回発生し、5～6月に発生する春型は、その後に発生する夏型に比べると全体的にやや小さい。アゲハチョウの仲間の中では飛び方が緩やか。

DATA 　（開張）9～11cm 　（分布）全国 　（時期）5～9月

アゲハチョウ科

ミヤマカラスアゲハ

○深山烏揚羽　■ Maackii Peacock

まめ知識

決まった通り道がある

本種に限らずアゲハチョウの仲間には、決まった場所をくりかえし飛ぶ習性をもつものがいる。その場所はチョウの通り道と呼ばれ、光や温度の条件によって決まるそうだ。

春型は後翅の
色彩が豊か

山

際立つ美しさで多くの人を魅了

名前の深山のとおり、山の奥深い森林に主に生息する。日本産のチョウの中では、その美しさが際立っていることから人気が高い。

翅の表面と裏面で模様が異なり、表は黒地に光沢のある緑色の鱗粉がついている。この鱗粉が光の当たる角度によっては緑色だけでなく鮮やかな青色にも見える。前翅の表面と後翅の裏面には白色の帯が入るが、個体によって帯がはっきりしないか、全くないものもいる。

発生時期により春型と夏型がいる。翅の色彩が鮮やかなのは春型に多く、体は夏型の方が大きい。蛹で冬を越す。幼虫はミカン科の植物の葉を好む。成虫はミカン科に関係なく、花の花蜜を吸う。

DATA　開張 9〜13cm　分布 全国　時期 4〜8月

タテハチョウ科
キベリタテハ
● 黄緑蝶、黄緑立羽 ● Camberwell Beauty

翅の縁に
淡黄色の帯がある

山

縁の淡黄色の帯がポイント

本州では中部地方以北の1000m以上の山地に生息する中型のチョウ。北海道では低地にもすんでいる。樹林の周辺を飛び回り、ときおり樹木の葉の上や地表に静止している。
翅の表面は黒褐色で、前翅、後翅ともに外縁に淡黄色の帯があるのが特徴で、名前の由来となっている。翅の裏面にある外縁の帯は灰色。
本種をはじめ、タテハチョウ科の仲間はチョウの中でも進化したグループといわれており、6本ある足のうち前足の2本が退化して細く短くなっている。そのため、一見すると足が4本しかないように見える。成虫で越冬する。幼虫はダケカンバやドロノキの葉を食べる。成虫は樹液や腐った果実に集まる。

まめ知識
北半球に広く分布する

キベリタテハは、日本以外には、ヨーロッパ、アジアの他、北アメリカと北半球に広く分布している。英名のCamberwell Beautyの意味は「カンバーウェルの美人」。カンバーウェルとはイギリス・ロンドンにある地名。このチョウが最初に採集された場所に因んでつけられたといわれている。

DATA	開張 6〜7cm	分布 本州以北	時期 7〜8月

カワトンボ科
カワトンボ
■川蜻蛉 ● Broad-winged Damselfly

前翅と後翅の形は
ほぼ同じ

メタリックグリーンの体を持つ

名前のとおり、山地から平地の渓流
や水のきれいな小川などで普通に見
かけることができるトンボ。
体はまるで金属のように見える光沢
のある金緑色だが成熟するとともに
白色の粉を吹いたようになる。複眼
は左右に離れており、前翅と後翅の
形はほぼ同じ。翅色は主に透明型と
橙色型があるが、性別によって淡橙
色も見られ、また生息する地域によ
る変異も大きい。
オスは縄張りを持つ習性があり、水
辺の草に止まって自分の縄張りを見
張る。メスは水中で産卵することも
あり、1時間近く潜ることができる。
幼虫は細長く、腹の先端に尾鰓とい
う3本の細長い器官がある。尾鰓は
呼吸に使われると考えられている。

まめ知識
カワトンボ科は7種類

トンボ目カワトンボ科は、トンボの中で
は中型になる。日本ではカワトンボ科に
は7種類が確認されており、限定された
地域にのみ生息しているのが奄美大島～
沖縄諸島にいるリュウキュウハグロトン
ボと、西表島と石垣島にいるクロイワカ
ワトンボの2種。他のカワトンボの種類
はこの地域には分布していない。

DATA | 体長 5.5～6cm | 分布 全国 | 時期 5～8月

★カワトンボ属にはニホンカワトンボとアサヒナカワトンボの2種があるが、非常に似ているため、
この本では1種として扱っている。

ムカシトンボ

昔蜻蛉 ● Epiophlebia superstes

黒色の体に
黄色の斑紋がある

山

生きた化石と呼ばれるトンボ

河川の上流域や樹林に囲まれた渓流で見られる日本固有種。恐竜がいた中生代ジュラ紀に栄えたトンボの姿に近い特徴をとどめており、「生きた化石」といわれている。

体は黒色で黄色の斑紋があり、複眼は左右が広く離れている。体は頑丈だが、翅は細い。前翅と後翅がほぼ同じ形。翅色は透明。止まる時には翅を半開きにするか、すべて閉じる。

メスは水辺にあるウワバミソウやハナウドなどの茎に産卵し、孵化した幼虫は渓流の石の下などで5〜8年過ごす。羽化の1カ月くらい前には上陸し、水辺で過ごして成虫になる。成虫のオスは渓流の上をホバリングを交えながら長く飛び続け、ハエやガなどの小型の昆虫を捕食する。

まめ知識

日本を代表する昆虫

長い年月の中で生物は進化を続け、中には絶滅してしまう種もある。現存するムカシトンボ科には、日本産の本種の他に、ヒマラヤ地方にいるヒマラヤムカシトンボと中国北東部に2種がいるのみ。本種は日本を代表する昆虫のひとつとして日本昆虫学会のシンボルマークに採用されている。

DATA （体長）約5cm （分布）全国 （時期）4〜6月

ミヤマクワガタ

深山鍬形　Miyama Stag Beetle

頭部背面に平に張り出した
突起がある

頭部の平らな突起が特徴

平地から山地にある雑木林やブナ林などに生息するクワガタムシ科の甲虫。標高が高くて冷涼な山間部（深い山）を好むことから名前がつけられた。

オスは頭部背面に張り出した冠状の平らな突起があり、体長の3〜4分の1ほどの長さの太くて大きなアゴを持つ。体色は黒褐色で背中と腹部が金灰色の短毛で覆われている。

メスのアゴは小さく、体もオスに比べて小さい。体は黒色で艶があり腹部に金白色の短毛が生えている。

基本的には夜に活動するが、昼間も活動する個体もいる。成虫はクヌギなどの樹液を好み、幼虫はブナなどの朽ち木を食べる。孵化から成虫になるまでの期間は1〜2年かかる。

まめ知識

同名の植物がある

日本固有の高山植物に同名のものがある。高山の礫地や草原で見かけられるオオバコ科の宿根草。紫色の鮮やかな花を咲かせた後、果実につくガクの形が兜の鍬形のように見えることから名付けられたといわれている。自生では6〜8月、栽培下では4〜6月に開花する。

DATA　体長 3〜7.9cm(オス) 2.5〜4.5cm(メス)　分布 全国　時期 6〜9月

カミキリムシ科
ルリボシカミキリ
瑠璃星天牛　Blue Longhorn Beetle with Black Spots

黒い部分には
細かい毛が生えている

DATA
(体長) 1.8～2.9cm
(分布) 全国　(時期) 6～9月

山

美しい瑠璃色の体が特徴

平地から山地の林や雑木林で、ブナやカエデ、クルミなどの倒木や花に集まる。体はやや扁平で、名前のとおり美しい瑠璃色に大きな黒斑が星のように三対並ぶ。触角は細く青色で、黒く見える部分には細かい毛が密生している。卵はブナ類の樹皮のすき間に産みつけられる。幼虫はブナ類の幹の内部を食べる。

まめ知識
死後は色あせる
独特な美しさを持つが、この鮮やかさは生きている時だけ。死ぬと青は残るが、色はあせてしまう。

カミキリムシ科
ヒゲナガカミキリ
髭長天牛　Pine sawyer beetle

触角は体の倍ほどの
長さ

DATA
(体長) 2.6～4.5cm
(分布) 全国　(時期) 7～8月

体長の倍以上に触角が長い

夜行性で、山地の林にあるモミやカラマツなどの倒木や枯れ木に集まっているのが見られる。日本に生息するカミキリムシの仲間の中でオスは触角が最も長く、体長の2倍以上の長さがある。メスの触角は体長の1.2～1.4倍程度と他のカミキリムシとほぼ同じ。体は黒く灰白色の微毛で覆われている。

まめ知識
仲間が何種類かいる
ヒゲナガカミキリには仲間が何種類かいる。体が小さいヒメヒゲナガカミキリもそのひとつ。

セミ科
エゾゼミ
●蝦夷蝉 ●Lyristes japonicus

背中にW状の紋がある

ギーギー

幹に下向きに止まって鳴く

北海道や東北地方では平地から低山地に生息しているが、関東以南では標高500〜1000m以上の山地で見かける。セミの中では大型種になる。アカマツ、スギ、ヒノキなどの針葉樹林の幹に下向きに止まった状態で「ギーギー」と低くて太い声で連続して鳴く。朝夕よりも、暑い真昼の時間の方が活発に鳴く。

体は漆黒色で、赤褐色と黄褐色の斑紋があるが、色彩には個体差がある。中胸背にW字状の紋があり、側縁の縦状斑は白粉で覆われる。翅は透明で*翅脈は暗緑色か黒褐色をしている。オスの腹弁は横幅より縦幅の方がわずかに長いが、アブラゼミ（P30）と比べて体の幅は広くがっしりしている。

まめ知識
エゾゼミ属は他に4種類

日本に生息するエゾゼミ属は、本種以外に4種類。本種に似ていて、体色の赤みが強いアカエゾゼミは、国内における生息地が局所的。小型のコエゾゼミは北海道、本州、四国に生息している。広島、四国、九州に生息しているのがキュウシュウエゾゼミ。そして、ヤクシマエゾゼミは屋久島の高地にのみ生息している。

DATA （体長）4〜4.3cm （分布）全国 （時期）7〜9月

☆翅脈：昆虫類の翅に見られる線のこと。

カジカ科 固有種

カジカ

鰍　Japanese Fluvial Sculpin

エラブタにトゲがある

まめ知識

生態でタイプが分かれる

カジカの種類は生息場所と卵の大きさで3タイプに分けられる。淡水から海へ下り、河口付近で成長してから遡上してくる「小卵型」と「中卵型」。一生を淡水で過ごす河川陸封型の「大卵型」がいる。

山

地方によって別名がある

カジカにはさまざまな種類があり、日本に生息するのは約90種。流れのはやい水質のきれいな環境を好み、河川の上流にある大きな石の下などにすむ。

体は暗灰色、背面に暗色の帯が数本ある。頭が大きく、エラブタの後ろ端にトゲがある。一見するとハゼに似ているので間違われることもあるが、多くのハゼ類にはある変形して吸盤化した腹ビレがカジカにはない。産卵期は冬から春。メスは石の下に卵を産み、オスがそれを守る。肉食性だが、ひっそりと岩陰にいて近づいてきた水性昆虫、小魚などを捕食する。石川県では「ゴリ」、福井県では「ビシ」と呼ばれることがある。

DATA　全長 15～17cm　分布 全国（千葉・九州の一部を除く）　時期 6～12月

サケ科
ヤマメ
山女魚 Yamame Trout

体側に楕円形の斑点がある

まめ知識
楕円型の鮮やかな斑点が特徴

体側にある楕円形の斑点はパーマークと呼ばれている。ヤマメはこのパーマークが鮮明に入っているのが特徴のひとつ。他のサケ類にも見られるが、イワナで鮮明なのは幼魚の時期だけ。成長するにつれて不鮮明になっていく。

山

冷水域を好む淡水魚

北海道、静岡県以北の太平洋側、山口県以北の日本海側および瀬戸内海に面した九州の一部の河川の上流で見かけることができ、夏季でも最高水温が20℃以下となる冷水域にすむ。ヤマメは海に下らず淡水域で過ごすが、海に下るものもおり、「サクラマス」と呼ばれる。サイズはサクラマスと比べて約半分くらいと小さい。

銀色地に背側は緑褐色〜青黒色をしており、体側に楕円形の淡青色の斑点がある。泳ぐ際は群れになり、体の大きさの順に1列に並ぶ。産卵期は秋。9〜10月頃に川の淵にある砂礫などに卵を産む。産卵後も生き残る個体は多い。主に小型の魚類や甲殻類、昆虫などを食べている。

DATA　全長 30cm　分布 中部地方以北の太平洋側・本州の日本海側及び九州　時期 3〜9月

サケ科　固有種

イワナ

● 岩魚　● Japanese Common Char

昆虫や小魚、ヘビなど
も食べることがある

山

背側に小さな斑点が散在する

サケ科イワナ属の魚で、生活の仕方や、生息する地域により、エゾイワナ、ニッコウイワナなどの種類がある。夏でも水温の低い冷水域を好み、日本産の淡水魚の中でも最も上流に生息している。体は黄褐色から灰色、背側面に白色から淡黄褐色の小さな円状の斑点が散在している。

渓流釣りの対象として人気があるが、俊敏に泳ぎ回るヤマメに対して、イワナは岩の間など物陰にじっと身を潜めていることが多いので、釣るポイントを見極める。
9月下旬から11月上旬頃に繁殖期を迎え、流れのゆるやかな場所にある砂礫底に産卵し、数年にわたって産卵可能。昆虫や小魚を食べる他、ヘビを飲み込むこともある。

まめ知識

尻ビレで見分けができる

サケ科にはサケ属とイワナ属、イトウ属がある。違いは尻ビレでわかる。尻びれの基底がひれの高さよりも長い方がサケ属、短ければイワナ属やイトウ属。また体の断面を見たときもイワナ属は円形に近く、サケ属はイワナ属よりも平たい。

DATA　全長 30~40cm　分布 本州以北　時期 3~9月

斑紋のありなしがいる

本州の低山地から山地の森林で見かける。木の上で暮らしており、4〜7月に水辺にはりだした木の枝に白い泡のような巣を作り、卵を産む。緑色の背面に赤褐色の斑紋がある個体が多い地域もあれば、斑点がない個体が多い地域もある。「クルクルクル」と鳴く。クモやハエなどの昆虫を採食する。

まめ知識
泡で卵を乾燥から守る
泡のような巣はメスが総排出口から出した粘液で、産みつけた卵を乾燥から守る役割をしている。

山の渓流で暮らす

アオガエル科の仲間で、本州以南の山の渓流で見かけることができる。灰褐色の背面に暗褐色の模様が入っており、川の岩や石と見分けるのが難しい。メスはオスよりもかなり大きく、5〜7月に渓流沿いの石の下面に産卵する。「リュイリュイ」と鳴く声が鈴の音のように美しく有名。主に昆虫を食べている。

まめ知識
鳴き声で涼を楽しむ
初夏に鳴くことから、夏の涼を呼ぶ楽しみとして古くから飼育されている。

アオガエル科　固有種
モリアオガエル
●森青蛙　●Forest Green Tree Frog

緑色の背面に赤褐色の斑紋がある個体が多い地域もある

クルクルクル

DATA
体長 4.2〜8.2cm
分布 本州　時期 春〜秋

山

アオガエル科　固有種
カジカガエル
●河鹿蛙　●Kajika Frog

体の色が岩石に似ているので見間違えやすい

リュイリュイ

DATA
体長 3.7〜4.4cm（オス）　4.9〜6.9cm（メス）
分布 本州、四国、九州　時期 春〜秋

サンショウウオ科 固有種
ハコネサンショウウオ
箱根山椒魚 Japanese Clawed Salamander

肺がないので
皮膚で呼吸する

山

背面のオレンジと長い尾が特徴

標高の高い自然が豊かな山地を流れる渓流に生息している。暑さにとても弱いため、日差しが入りにくい高所や奥地など、水温が低い流れを好むことが多い。

体色は背面が暗赤褐色で、頭部から尾にかけては鮮やかなオレンジ色の帯がある。腹部は黄褐色。体色や模様には個体差があり、全体的に暗色のもの、帯が斑になっているものや、模様が消えているものもいる。体が全体的に細いが、尾は丸みがあり太く、全長の2分の1以上を占めるほど長い。

他のサンショウウオとは異なり、肺がないので皮膚のみで呼吸をしている。また目が大きく飛び出している。主に昆虫やクモなどを食べる。

まめ知識

繁殖期になると爪が生える

繁殖期は生息する地域によって異なるが、5～7月、10～12月に見られる。この時期になると、オスもメスも指に鋭い爪が生える。オスは後ろ足が大きく太くなるので区別がしやすい。日が差さない渓流の底の地中や岩陰に産卵する。孵化するまでの期間は2～3カ月。

DATA　体長 13～19cm　分布 本州　時期 春・秋

クサリヘビ科 固有種

ニホンマムシ

●日本蝮 ●Mamushi Pit Viper

三角形の大きめの頭部と
太くて短い胴を持つ

里山にすむ銭形模様の毒ヘビ

全国の山地や森林、田畑、川に近い草むらなどにすむ日本固有種。日本本土に2種しかいない毒ヘビの1種で猛毒を持つ。初夏から秋にかけて活動し、寒くなると冬眠する。

三角形の大きめの頭部と太く短い胴を持ち、ヘビの中では小柄な部類に入る。マムシの特徴となる「銭形模様」は、楕円形の斑紋の中心にひときわ濃い斑がある模様が穴銭（穴の開いた古銭）に似ていることから名付けられた。体色や模様は個体差があり、暗褐色から鮮やかな赤色まで幅広い。地域によっては赤色が多く「赤マムシ」と呼ばれることもある。夜行性でカエル、トカゲ、ネズミなどを食べる。数年に一度、8～10月頃に5匹前後の子ヘビを産む。

まめ知識

毒性が強く死亡事故もある

里山の藪やあぜ道に潜んでいることが多いが、人家に近いところに出現することもある。人が近づいても動かないので、気づかずに触れたり踏んだりした拍子に噛まれる事故が起きている。毒性が強いため治療が間に合わず亡くなる人もいるので要注意。

DATA　（体長）40～65cm　（分布）全国　（時期）5～10月

サワガニ科　固有種
サワガニ
沢蟹 ■ Japanese Freshwater Crab

オスのハサミの大きさは、左右で異なる

DATA
| 甲幅 | 2.5〜3cm |
| 分布 | 本州、四国、九州 | 時期 | 春〜秋 |

山

生息地によって色が変わる

山間部の渓流やわき水の出るところにすむ。淡水で一生を過ごす珍しいカニ。北海道を除く各地で見られ、生息地によって体色が赤色、茶色、青色などに変わる。雑食性でミミズや昆虫、コケなどを採食。オスは左右のハサミの大きさが異なる。繁殖期は春から夏でメスが腹部で抱卵し、幼カニまで育てる。

まめ知識
唐揚げや佃煮になる
食用になるカニで、唐揚げや佃煮に向いている。寄生虫がいるので食用の際には十分に加熱する。

テナガエビ科
スジエビ
条蝦 ■ Lake Prawn

体に筋模様がある

DATA
| 全長 | 5cm |
| 分布 | 全国 | 時期 | 一年中 |

淡水にすむ筋模様のエビ

生息地は渓流や湖沼、池などの淡水域。主に水草の根元や石の隙間などにいる。体に筋模様があることからスジエビと呼ばれる。水生昆虫、小型甲殻類、小魚などを採食。春から秋にかけて繁殖期が訪れると、メスが卵を抱卵して孵化まで守る。淡水にすむ食用エビとして知られ、佃煮や菓子などにもなる。

まめ知識
釣り人によって広まった
釣りの餌によく使われるため、釣り人によって生息域が広がったという説がある。

冠羽で頭が尖って見える

山地から平地にかけての針葉樹林にすんでいる留鳥。年間を通して見られるが、越冬のために広葉樹林や里山近くにいることも。オスメス同色で黒い頭部に短い冠羽が生えている。枝先を移動して昆虫やクモ、植物の種などを食べる。オスは繁殖期になると「ツピチツピチ」「チョピチョピ」と早口でさえずる。

まめ知識
のどや翼帯で別種と区別する
のどの黒色の面積が大きい三角形で、翼に2本の線があること。早口の鳴き声で見分けられる。

★冠羽：頭にあるとさか状の羽のこと。

名前の由来は黄色い頭部

全国の山地や高山の針葉樹林に生息する日本で一番小さい鳥。夏は東日本の高山にすみ、冬は西日本の低山に移ってヒガラなどと群れを作る漂鳥。場所によっては留鳥。オスもメスも頭頂部が菊のような黄色で、体色は全体的にオリーブ色。「ツチツチ」と金属的な声で鳴く。主に昆虫やクモを食べる。

まめ知識
マツクグリという別名がある
マツやヒノキの枝先を素早く移動したりホバリングしたりする姿から「マツクグリ」とも呼ばれる。

シジュウカラ科
ヒガラ
●日雀　●Coal Tit

黒い頭部に短い冠羽が生えている

ツピチツピチ

DATA
全長 11cm
分布 全国　時期 一年中

山

ウグイス科
キクイタダキ
●菊戴　●Goldcrest

ツチツチ

頭頂部は黄色で、体色はオリーブ色をしている

DATA
全長 10cm
分布 全国　時期 一年中

カッコウ科
ホトトギス
不如帰　Little Cuckoo

キョキョキョ

背中が灰色で、
首が灰白色をしている

山

托卵する習性がある鳥

全国の山地の森林や平地の草地などに飛来する夏鳥。人家の近くでも見かける。繁殖期にはつがいになるが、それ以外の時期は単独で生活している。

オスとメスはほぼ同色で背中が灰黒色、首が灰白色。中には赤色のメスもいる。胸の横斑はカッコウ科の中では少なめ。昼夜を問わずよく鳴くので昔から親しまれ、『万葉集』にもホトトギスについて詠んだ歌が記されている。鳴き声に特徴があり、オスは「キョキョキョ」と連続してさえずり、メスはゆっくり「ピピピ」と鳴く。

繁殖期は夏で、カッコウと同じようにウグイスやホオジロの巣に卵を産んで育てさせる托卵の習性がある。

まめ知識
鳴き声が早口言葉に聞こえる

「キョキョキョ」と繰り返し鳴くオスのさえずりが「東京特許許可局」「天辺駆けたか」などの早口言葉のように聞こえる。田植えなどの季節の節目に鳴くことから「時鳥」と呼ばれるなど、鳴き声に関するエピソードが多い。俳人・正岡子規の雅号「子規」はホトトギスの異称として知られる。

DATA　　全長 28cm　　分布 全国　　時期 5～10月

ツリリリ

キバシリ

●木走 ●Tree Creeper

羽に黒褐色の
斑紋がある

木の幹によく似た体色の持ち主

全国の山地から平地にかけて、コメツガやオオシラビソなどの針葉樹林に生息し、木の幹で過ごすことが多い。春の繁殖期以外は単独で生活するが、つがいで行動していることもある。

オスもメスも頭から背中にかけて褐色、羽には黒褐色の斑紋がある。尾羽を支えにして木の幹に縦向きに止まり、木のくぼみで休む。木の幹を螺旋状に登りながら、首をかしげるようなしぐさで昆虫やクモを探して食べる。細長く下に向かって湾曲したくちばしは、木の幹での採取に適している。

細い声で「ツリリリ」とさえずるほか、木から木へ飛び移るときに「ズィー」と鳴く習性がある。

まめ知識
声を頼りに探すと見つかる

木の幹を螺旋状に上る姿から、「木走」という名前がついた。木の幹で生活するのに適した幹にそっくりの体色はまるで保護色で、観察するのが難しい。移動する際の「ズィー」という独特の鳴き声を頼りに探すと見つけられるかもしれない。

DATA 〔全長〕14cm 〔分布〕全国 〔時期〕一年中

山

アトリ科
ウソ
鷽　Bullfinch

フィッフィッ

オスはのどから頬にかけて
赤い模様がある

山

口笛のような鳴き声の持ち主

全国で見られる留鳥。暖かい春先や繁殖期の夏は東日本や北海道の高山にいて、冬になると平地に近いところに移動する。群れを作るが、繁殖期はつがいで過ごすことが多い。
体色は頭部が黒く体は灰色。オスはのどから頬にかけて赤い模様があり、マフラーを巻いているように見える。

全体的に丸っこく小ぢんまりとしたシルエットで、くちばしも太く短い。春にはサクラ、冬にはソメイヨシノのつぼみや草木の種を食べることで知られる。その他、昆虫やクモを採食することもある。
鳴き声はか細い口笛のように「フィッフィッ」と鳴く。繁殖期にはオスがリズミカルにさえずるので、他の鳥の声と聞き分けやすい。

まめ知識
害鳥と勘違いされることも

ウソは春先に食べ物が不足するとウメやモモなどの果樹のつぼみを食べ、農作物に被害をもたらす害鳥と思われることもあるが、すべてウソの仕業ではなく、ア

アカウソ

カウソも食べる。日本に一年いる留鳥のウソと違って渡来する冬鳥で、腹部が赤いのが目印となる。

DATA　全長 16cm　分布 全国　時期 一年中

コントラストのはっきりした顔

春夏は山間部の森や平地に近い林にいるが、秋冬は暖かい里山や農耕地に移ってくる。ほぼ全国にいる留鳥。繁殖期の夏以外は群れで行動している。オスメス同色で顔と頭が黒く、黄色くて太いくちばしのコントラストが目立つ。羽と尾の一部は金属のような光沢がある紺色をしている。

まめ知識
風雅なさえずりが特徴
さえずりが「月日星」と聞こえるので「三光鳥」とも呼ばれるが、サンコウチョウとは別種。

アトリ科
イカル
● 鵤 ● Masked Grosbeak

顔と頭は黒く、くちばしは黄色い

種子を口にふくんで回しながら割るので「マメマワシ」ともいう

DATA
（全長）23cm
（分布）全国　（時期）一年中

山

オスの長い尾羽が美しい

北海道以外の本州以南に渡来する夏鳥。山地から平地にかけての広葉樹林で見られる。オスは全体的に紫黒色で腹部が緑色で、30cmを超える長い尾羽が特徴。メスは茶褐色で尾羽が短い。「月日星」と聞こえるさえずりから「三光鳥」と命名されたが、同様の鳴き声のイカルも別名三光鳥なのでややこしい。

まめ知識
アイリングは鮮やかな青
オスとメスに共通しているのはアイリングとくちばしの色。鮮やかなコバルトブルーが目を引く。

カササギヒタキ科
サンコウチョウ
● 三光鳥 ● Black Paradise Flycatcher

目の周りがコバルトブルーをしている

DATA
（全長）45cm（オス）19cm（メス）
（分布）全国　（時期）4〜10月

アカショウビン

赤翡翠　Ruddy Kingfisher

頭から背中にかけて
濃い赤色をしている

キョロロロ

山

鮮やかな赤色が森に映える

主に東南アジアから日本に渡来する夏鳥。全国で見られるが、西日本の方がやや多い。山地の渓流を特に好むが、森林の湖沼にすむこともある。繁殖期にはつがいで朽ち木に穴を掘って巣を作る。

オスとメスはほぼ同じ色で、頭から背中にかけて濃い赤色、腰の一部がコバルトブルー。腹が淡いオレンジ色。腹部をよく見ればメスの方が淡いオレンジ色だが、見分けるのは難しい。

サワガニ、カエル、カタツムリ、魚などを食べる。カワセミの仲間だが、水中には入らず水面近くの獲物を捕らえる。オスは「キョロロロ」と長く鳴き、繁殖期には縄張りを主張して「ケケケ」と短い声を上げる。

まめ知識

「雨乞い鳥」という別名を持つ

飛来する時期が梅雨の時期と重なるうえ、雨が降りそうなときに鳴くので、「雨乞い鳥」や「水乞い鳥」ともいう。その特異な行動から、水を恋しがっているというさまざまな逸話が生まれた。その一方、燃えるような鮮やかな色から「火の鳥」とも呼ばれている。

DATA	全長 28cm	分布 全国	時期 3〜10月

「森のハンター」と呼ばれる

山地の森や平地の林にすみ、大木に好んで止まっていることが多い。農耕地や人家の近くに来ることもある。ほぼ一年中全国で見られる留鳥。オスメスともに褐色と白色が混ざった色。日中は休んでいて、夕方から活動を始め、ネズミや小鳥を捕らえる「森のハンター」と呼ばれる。低い声で「ホーホー」と鳴く。

まめ知識
強い足で獲物を捕らえる
夜でも音を立てず飛び、ホバリングもできる森のハンター。強い握力を持つ足で獲物を逃さない。

最も小さいフクロウの仲間

全国に渡来する夏鳥。本州南部ではそれ以外の季節にも見られる。山に近い森林にいることが多い。日本にすむフクロウの中で最も小さい。オスメス同色で褐色や白色が混ざった体色だが、中には赤色がかったメスもいる。日中は木陰や樹洞で休み、夕暮れから羽角をたたんで活動を開始。主に昆虫を採食する。

まめ知識
鳴き声は「仏法僧」
「仏法僧」と聞こえる鳴き声のため、1935年まで別種のブッポウソウという鳥と勘違いされていた。

フクロウ科
フクロウ
● 梟　● Ural Owl

ホーホー

平たい顔をして目が正面についている

DATA
全長 50cm
分布 全国　時期 一年中

山

フクロウ科
コノハズク
● 木葉木菟　● Scops Owl

耳のように見えるのは羽角という羽で耳ではない

DATA
全長 20cm
分布 全国　時期 5〜10月

リス科 固有種

ニホンリス

日本栗鼠 ●Japanese Squirrel

目の周りが
他の部分よりも白い

まめ知識

秋に木の実を貯蔵する

秋の間にドングリやオニグルミなどの木の実を集め、樹上や地面の穴に貯蔵する習性を持つ。食べ残した木の実が春先に発芽することから、本種が森林の中で種子を運ぶ役割を担っていることがうかがえる。

目に白い縁取りがあるリス

暖かい本州以南の里から山にかけて生息している。アカマツやスギの林の樹上に小枝や苔を使って丸い形の巣を作り、繁殖期以外は単独で生活。樹洞に営巣することもある。

オスメスほぼ同色だが、季節によって毛色が変わる。夏は背が黒褐色、腹が白色、首や足はオレンジ色がかった色。冬は全体的に暗褐色で、腹と尾の先端が白色になる。目の周りに白い縁取りがある。朝と夕方に活発に活動し、ドングリ、マツの種子、スギの芽などを採食する他、鳥の卵や虫も食べる雑食性。繁殖期は春頃で3～5匹の子リスを産み、2～3カ月の間メスが授乳と育児を行う。危険が迫ると鋭い声を上げて周囲に知らせる。

DATA	頭胴長 16～22cm	尾長 13～17cm	分布 本州以南	時期 一年中

リス科 **外来種**

シマリス

縞栗鼠　Chipmunk

体に5本の縦縞が
入っている

山

まめ知識

200日ほど冬眠する

外来種はチョウセンシマリスとシベリアシマリスのどちらか。生態もよく似ていてどちらも冬眠する。期間は160〜200日と非常に長い、秋になると地面に1mを超えるトンネルを掘って木の実を集めておく。冬眠中に目覚めて食事をする。

エゾシマリスと外来種がいる

日本在来種のエゾシマリスは、北海道の高山から平地にかけての森林にすみ、家に近い公園にいることも。本州の野山にいるのはペットとして飼われていた外来種のシマリスが野生化したもの。
褐色の背中に、濃い褐色と白色の縦縞が5本あるのが特徴。エゾシマリスと外来種は生息地で判別できる。主に地上で生活し、地面に穴を掘って巣を作る。朝から夕方まで行動する昼行性の生きもので、主にドングリなどの木の実をはじめ、新芽や若葉を食べる。
春から夏にかけての繁殖期には交配し、30日間後に5匹前後を出産する。育児中のメスは特に昆虫や鳥の卵を好む。

DATA　（頭胴長）12〜15cm　（尾長）11〜12cm　（分布）北海道・本州　（時期）春〜秋

リス科 固有種
ニホンモモンガ
日本小飛鼠 ■ Japanese Small Flying Squirrel

背中に1本の筋がある

DATA
| 頭胴長 14〜20cm | 尾長 13〜17cm |
| 分布 本州以南 | 時期 一年中 |

山

リス科 固有種
ムササビ
鼺 ■ Japanese Giant Flying Squirrel

目が前についている

DATA
| 頭胴長 27〜49cm | 尾長 28〜41cm |
| 分布 本州以南 | 時期 一年中 |

グライダーのように滑空する

山地帯から亜高山帯の森林に暮らす。樹洞で営巣するので、大木がある場所にいる。オスメス同色で、背が灰褐色で腹が白色。足の間に皮膜があり、広げてグライダーのように滑空しながら樹木の間を移動する。夜行性なので活動するのは暗くなってから。木の芽や葉、種子などを採食する他、キノコも好む。

まめ知識
ムササビと間違えられる
間違えられやすいムササビと比べて、本種の体長は3分の1程度。皮膜があるのも足の間のみ。

皮膜を広げて100m以上飛ぶ

亜高山帯から平地までの森林や社寺林などに生息する。樹洞に巣を作るが、人家の屋根裏にすみつくこともある。オスメスともに全体的に褐色で、首と腹が白色。皮膜が発達していて首と前足、前足と後ろ足、後ろ足と尾の間にある。100m以上の滑空も可能。雑食性で木の葉やドングリ、昆虫などを食べる。

まめ知識
メスが縄張りを持つ
メスは1ヘクタールの縄張りを持ち、複数の巣を作る。オスは持たず広範囲を移動する。

ヤマネ科 固有種

ヤマネ

山鼠 Japanese Dormouse

背中に黒褐色の
1本の筋がある

固有種でニホンヤマネともいう

山の森林にすみ、樹洞や岩の隙間に苔を集めて丸い巣を作る。木の枝にぶら下がったり飛び移ったりして素早く移動するうえ、夜行性なので姿を見かけることは少ない。ネズミに似ているが、唯一のヤマネ科の生きもので日本固有種。ニホンヤマネとも呼ばれ、国の天然記念物にも指定されている。

オスとメスはほぼ同色。全体的に褐色で、背中に黒褐色の1本の筋がある。目が大きいわりに耳が小さい。足も短めでずんぐりしたシルエット。木の葉やドングリを好むが、雑食性でヤママユやセミなどの昆虫や鳥の卵を食べることも多い。

生息地によって体色や繁殖期などが異なり、現在も研究中。

まめ知識

押入れで冬眠することも

晩秋から早春にかけて、落ち葉の下や地面の穴の中で冬眠する。人家や山小屋に入り、押入れの布団の隙間にいることもある。丸くなって眠る様子からマリネズミともいう。リスと違って冬眠中は目覚めることがなく、秋に蓄えた体内の脂肪を消費しながら春まで眠り続ける。

DATA　頭胴長 7〜8cm　尾長 4〜5cm　分布 本州以南　時期 春〜秋

ウサギ科 固有種
ノウサギ
野兎　Japanese Hare

時速60kmで走ることが
できる

山

寒い地域では毛色が白くなる

生息地は北海道を除く高山や低山、農耕地、草原など幅広い。日本固有種だが、地域によってトウホクノウサギやキュウシュウノウサギなどの亜種に分けられている。

体色は全体的に褐色で赤みがかった個体もいる。雪が降る寒い地方にすむ本種は、冬になると白い毛に生え替わる。細長い耳と丸い尾を持ち、発達した後ろ足でジャンプしながら時速60kmで走ることもできる。夜行性で日没から明け方にかけて活動を始める。主に草や木の芽や樹皮を食べ、イタドリやススキなども好む。暖かい地域では一年中、寒い地域では春夏に繁殖。つがいを作らず年に数回の交配、出産が可能で、繁殖のサイクルが早い。

まめ知識
ウサギ島にすむのはペット

北海道に生息するエゾユキウサギと似ているが、本種の方がやや小さい。また、アナウサギを家畜化したペットのカイウサギとは異なり、巣を作らず穴も掘らない。「ウサギ島」とも呼ばれる瀬戸内海の大久野島にいるウサギは、カイウサギが野生化したもの。

| DATA | 頭胴長 43〜54cm | 尾長 2〜5cm | 分布 本州以南 | 時期 一年中 |

イタチ科 固有種
ニホンイタチ
日本鼬　Japanese Weasel

肛門の周りにある臭腺から悪臭を放つ

山

オスとメスの体格差が大きい

山間部や里など自然が多いところにすみ、水辺に近いところを好む日本固有種。川原で見かけることもある。近年は西日本に多く生息。
体は茶褐色から赤褐色の毛色。顔周りは体より濃い褐色で鼻の周りは白色。オスとメスは同色だが、体格の差が大きいので見分けることは難しくない。全体的に細長い体つきで、尾の長さは体長の半分を超えない。外来種のチョウセンイタチは全体が山吹色で本種よりも体がやや大きく、尾が体長の半分より長い。
肉食性の強い雑食性。カエルや魚、小鳥、果実などを食べる。ネズミを特に好み、ネズミ駆除に放たれたこともある。春の繁殖期に3〜5匹ほど産み、メスが子育てをする。

まめ知識
イタチの最後っ屁の語源

肛門の周りに悪臭を放つ分泌物を出す「臭腺」という器官がある。危険を感じたときに、身を守るために使う。非常手段のたとえに使われる「イタチの最後っ屁」の由来となった。警戒心が強いため人の近くまで来ることは少ない。外来種のチョウセンイタチは都市部で増えていて、人家の屋根裏に侵入することもある。

| DATA | 頭胴長 | 27〜37cm(オス) 16〜25cm(メス) | 尾長 | 12〜16cm(オス) 7〜9cm(メス) | 分布 | 全国 | 時期 | 一年中 |

141

イタチ科
オコジョ
●白鼬 ●Japanese Ermine

ウサギを食べる
こともある

DATA
頭胴長	18cm		
分布	日本アルプス以北	時期	一年中

山

イタチ科 固有種
ホンドテン
●本土貂 ●Japanese Marten

冬は体全体が
黄色くなる

DATA
頭胴長	45cm	尾長	19cm
分布	本州以南	時期	一年中

標高の高い山地にすむ

日本アルプス以北の標高1500mを超える山地にいる。樹洞や岩の隙間などにすみ、単独で生活する。オスメスともに夏は背が栗色で腹が白色。冬は全体的に白色に変わる。どちらも尾の先は黒色が残る。オスのほうがやや大きい。ネズミや小鳥をはじめ、自分より大きいノウサギを捕食することもある。

まめ知識
2亜種いる
北海道にすむエゾオコジョと、本州にすむホンドオコジョの2亜種がいる。

鮮やかな黄色の被毛が目印

高山の森林や里の雑木林で見かける。樹洞などに営巣し、単独で生活する。夏は全体的に褐色でのどが黄色い。冬は顔が白色で、体は鮮やかな黄色に変わる。夏の繁殖期にはつがいになり、翌年の春に3頭前後生まれる。子育てをするのはメスのみ。夜行性でネズミやノウサギを捕食し、昆虫や果実も食べる。

まめ知識
毛色で呼び名が異なる
毛色には個体差があり、冬に全身が黄色になるキテンと褐色のままのスステンがいる。

142

ホンドギツネ

●本土狐　●Japanese Red Fox

太い尾が特徴

細面の顔と太い尾が特徴

本州以南の高山や山間部の森林にすんでいるが、農耕地や野原など人里の近くで見かけることもある。夕方から明け方にかけて活動する薄明薄暮性。警戒心が強いため、人家の近くでは夜間に活動することもある。背は赤みがかった褐色で、腹と尾の先が白色。耳と鼻が尖った細面の顔立ちとふさふさした太い尾が特徴。オスとメスで違いはない。縄張りを持って単独生活を送るが、冬の繁殖期にはつがいになる。春にメスが子ギツネを出産してしばらくするとオスは離れ、その後はメスと子ギツネで過ごす。秋に子ギツネが独立した後はメスも単独生活に戻る。肉食性の強い雑食性で、ノネズミやノウサギ、アケビなどの果実を食べている。

山

まめ知識

昔話にも登場するキツネ

本種は全国各地に生息しているキツネの代表格。日本の昔話によく登場することからもわかるように、日本では古くから身近な野生動物である。用心深いため目にする機会は少ないかもしれないが、住宅街に近い公園や河川敷にすみつき、残飯を食べていることもある。

DATA　頭胴長 60〜75cm　尾長 40cm　分布 本州以南　時期 一年中

オナガザル科 固有種

ニホンザル

日本猿　■Japanese Macaque

顔と尻は赤い皮膚がむき出し

山

群れで暮らす日本固有の霊長類

日本にすむヒトを除く唯一の霊長類で日本固有種。本州以南の広葉樹林に生息する。複数のメスと子ザル、出入りするオスで、数頭から100頭の群れを作る。ボスザルを中心とした順位制度ではなく、仲間意識によって成り立っていると考えられている。決まった地域に定住し、群れが代替わりをしても移動しない。オスとメスはどちらも褐色の被毛に覆われている。顔と尻には毛がほぼなく、赤みのある皮膚がむき出し。繁殖期の秋に交配し、メスは2年に1回、1頭の子ザルを出産。4歳頃までメスが世話をする。成長したオスの子ザルは独立して別の群れへ移動する。雑食性で主に果実を食べる他、昆虫やサワガニを採食する。

まめ知識

温泉やイモ洗いで有名

世界で最も北方にいるサルで、長野県の地獄谷野猿公苑では温泉に入る本種が「Snow Monkey」として世界的に有名。観察する際には一定の距離を保つなど、施設の注意に従うこと。研究のために餌付けが行われている幸島では、1953年にイモを川で洗う子ザルが発見され、その行動が群れに広まった。

DATA	頭胴長	53～60cm(オス) 47～55cm(メス)	尾長	8～12cm(オス) 7～10cm(メス)	分布	本州以南	時期	一年中

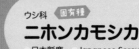

ニホンカモシカ

● 日本氈鹿 ● Japanese Serow

オスにもメスにも
角が生える

シカではなくウシの仲間

亜高山帯から低山の岩場や林にすんでいる日本固有種。シカと名前がついているが、ウシやヤギの仲間。
毛色はオスもメスも灰褐色で首の周りは白色。短い角は生え変わることなく伸び続けるが、最長でも15cm程度。ずんぐりした丸みのある体と太い足の持ち主。蹄は左右に広がるので、岩場の多い山岳地帯でも素早く動くことができる。縄張り意識が強く、眼下腺から出る粘液を木の幹や岩にこすりつけてマーキングを行う。単独で生活するが、オスとメスの縄張りが重複することもある。秋の繁殖期にはつがいになり、ふつう1頭が生まれる。ササやスギなどの広葉樹の葉や、果実などを幅広く食べる。

まめ知識
特別天然記念物として保護

1955年に国の特別天然記念物に指定された。世界的にも貴重な生きものとして保護され、東北や中部地方では生息数が増えているが、植林されたスギなどを食べてしまうため、農林業の被害が問題に。また、九州地方では頭数の減少により絶滅が心配されている。

DATA 〔頭胴長〕70〜85cm 〔尾長〕6〜7cm 〔分布〕本州以南 〔時期〕一年中

ニホンジカ

日本鹿　Sika Deer

褐色に白い斑模様がある

白い斑紋の鹿の子模様が有名

ロシアや中国をはじめ幅広く分布するシカ。日本では山間部から里にかけての広葉樹林や、その周辺の草原などにすんでいる。

初夏と初秋に毛が生え替わる換毛期がある。夏の毛は全体的に褐色で、背に「鹿の子模様」と呼ばれる白い斑紋が出る。冬の毛は全体的に灰褐色になる。オスには枝分かれした角があり、毎年春には抜け落ちて再び生える。メスには角がない。オスとメスはそれぞれの群れで生活する。強いオスが複数のメスと交配する一夫多妻制の繁殖。秋になるとオスは「ピュー」と声を上げて縄張りを主張し、メスを巡って角を突き合わせて戦う。数百種類にも及ぶ植物や樹木の葉、種子、樹皮を食べる。

まめ知識

奈良のシカは観察しやすい

かつて乱獲によって生息数が激減したため狩猟を規制したが、現在では逆に増えすぎて農作物への食害などが問題になっている。本種の中でも奈良公園の周辺にすむ個体は国の天然記念物に指定されている。観光地となっているので観察がしやすい。

DATA	頭胴長	90～190cm(オス)　60～110cm(メス)	分布	本州以南	時期	一年中

ここを歩いたのはだーれ?

土や雪など、やわらかい地面を見つけたら足元を見てみてください。生きものたちの足あとが見つかるかもしれません。

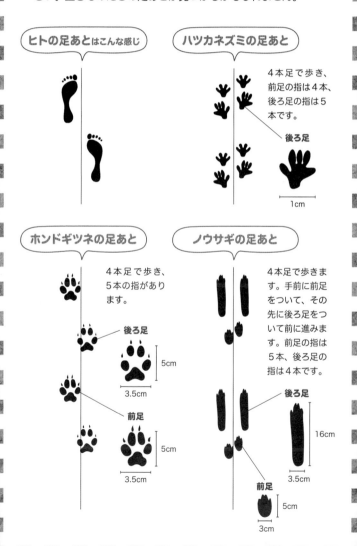

ヒトの足あとはこんな感じ

ハツカネズミの足あと

4本足で歩き、前足の指は4本、後ろ足の指は5本です。

後ろ足

1cm

ホンドギツネの足あと

4本足で歩き、5本の指があります。

後ろ足

5cm

3.5cm

前足

5cm

3.5cm

ノウサギの足あと

4本足で歩きます。手前に前足をついて、その先に後ろ足をついて前に進みます。前足の指は5本、後ろ足の指は4本です。

後ろ足

16cm

3.5cm

前足

5cm

3cm

4章

水辺にいる生きもの

オニグルミ

シオカラトンボ

カキツバタ

川、湖沼、田んぼのあぜなど、身近な水辺にも生きものたちが暮らしています。水辺は生きものの宝庫なのです。

ヌートリア

ハス

トノサマガエル

ギンヤンマ

アオサギ

アシ

アメリカザリガニ

ウグイ

ドジョウ

タナゴ

カラスガイ

ヤナギ科

ネコヤナギ

猫柳　●Rose-gold Pussy Willow

雌花の方が
ふわふわしている

水辺

早春に咲く花

山野を流れる渓流や河川の日当たりのよい土手に自生する落葉低木。湿気がある場所を好み、根元が水に浸かるような場所にも生える。

高さは2m前後になり、根元から幹が広がるように生える。葉のつき方はそれぞれが方向を違えて伸びる互生。葉の両面には白色の軟毛が生えているが、表面はやがて抜けてなくなる。

ヤナギの仲間の中では春に最も早く開花する。雌雄異株で葉が出るよりも早く芽生える長さ3～5cmの★花穂は白い毛に覆われている。5～6月には実が裂けて綿毛に包まれた種子を飛ばす。水に差しておくと枝からも根が出てくるので、挿し木で増やすことができる。

まめ知識
花穂は猫や犬の尾に似ている

特徴は白い絹糸のような毛に覆われた花穂。尾のように咲くことも含めて猫の尾に似ていることから、「猫柳」という和名がつけられた。地域によって「ニャンコノキ」など猫に関する別名がある。他にも花穂を犬の尾に見立てて、子犬を意味する「エノコロヤナギ」と呼ばれることもある。

DATA　（分布）全国　（花期）3～4月

　★花穂：穂のような形で咲く花のこと。

クルミ科
オニグルミ

鬼胡桃 ●Japanese Walnut

種子は硬い殻に
覆われている

水辺

縄文時代には日本に自生している

全国の渓谷や河川の近くなどで見かける落葉高木。山間の傾斜地に生えることもある。縄文時代には日本に自生するなじみ深い樹木のひとつ。高さは20〜25mになり、直径は太いもので1mまで達することも。幹の色は灰黄色で縦に裂け目が入る。葉は9〜15枚の小葉からなる羽状複葉で互生する。小葉は長さ8〜12cm、幅3〜5cmの楕円形。開花の時期は4〜5月。雌雄同株で雄花は前年の枝からたれ下がり、雌花は新しい枝から上に向かって咲く。秋には直径3cm程度の丸い黄緑色の実をつける。中には硬い殻に覆われた種子が入っていて、種子を割ると食用になるクルミが出てくる。

まめ知識
実は食料に幹は家具になる

紀元前1万3000年前から始まった縄文時代の頃には日本に生えていた樹木。狩猟採取の生活を送っていた縄文人には、クルミはクリと並んで大切な収穫物。材はとても硬く、高級家具の他にも鉄砲の台木や線路の枕木に使われる。

DATA　分布 全国　花期 4〜5月

151

ノイバラ

● 野茨　● Multiflora Rose

白い花が
枝先に集まって咲く

水辺

よい香りの花が咲く野生のバラ

全国の山野や河川敷などに生えている落葉低木。雑木林の縁でもよく見かける野生のバラの一種。

高さは1〜2mで枝にはトゲがある。小さい枝が伸びると密生して絡み合い、まるで藪のようになる。葉は5〜7枚の小葉からなる羽状複葉で互生する。小葉は楕円形で縁に細かい鋸歯がある。

5〜6月には直径約2cmの白色の5弁花が枝先に集まって咲く。とてもよい香りで観賞に適している。8mm前後の卵形の果実は、9月頃から赤く熟していく。果実は漢方薬の原料として用いられることもある。枝を挿し木にして繁殖させることもできる他、園芸種のさまざまなバラを接ぎ木する台木にも使える。

まめ知識
別名でノバラとも呼ばれる

トゲのある低木の総称がイバラ。その中でも、本種は野生しているのでノイバラと呼ばれるようになった。他にもタカネバラやサンショウバラ、モリイバラ、アズマイバラ、ミヤコイバラなど10種以上が国内に自生しているが、本種は日本を代表する野生のバラなので、単にノバラとも呼ばれる。

DATA　分布 全国　花期 5〜6月

小さな車輪のような花

川岸や水田のあぜなど湿地に生える多年草で、高さ30〜60cmになる。茎は太くて中空。長さ5〜10cm、幅1〜3cmの長い楕円形の葉をつける。地下茎で横に広がりながら増える。7〜10月になると茎の先端に直径約3cmの黄色い花が咲く。花の後にできる実は*痩果で、毛が生えている。

> ### まめ知識
> **車輪のようだから小車**
> 花びらが放射状について車輪のように見えるので、小車という和名が付いた。

★痩果：皮が堅く熟しても裂けず、中に1個の種子がある実。外見上は種子に見える。

水上に黄色い花を咲かせる

池沼や小川など浅い水辺でよく見かける多年草。高さ20〜60cm。水底の泥の中にある地下茎から葉や花が伸びる。水上の葉は長くて光沢のある濃緑色になる。夏に直径4〜5cmの黄色い花を咲かせる。秋には卵形の実がなって水中で熟し、多数の褐色をしている種を水面にばらまく。

> ### まめ知識
> **白い地下茎が骨に見える**
> 水底にある白色の地下茎が骨のようなので「河骨」という和名に。「川骨」ともいう。

キク科
オグルマ
● 小車　● Meadow Fleabane

枝先に1つずつ花をつける

DATA
分布 全国　花期 7〜10月

水辺

スイレン科
コウホネ
● 河骨　● East Asian Yellow Water-lily

ハート形の葉が水辺に浮かぶ

DATA
分布 全国　花期 6〜9月

ハス科
ハス
蓮 ●East Indian Lotus

まめ知識
3000年前の種子が発芽

種子は、蜂の巣のような花托に入っているので「ハチス」と呼ばれていたが、次第になまってハスとなった。種子は長期にわたって発芽能力を維持でき、埼玉県行田市には1400～3000年前の種子が発芽し、古代蓮として鑑賞できる。

花びらは20枚以上
あるものもある

水辺

インド原産の仏教に関わる花

池や沼などに植えられている多年草。公園でもよく見かける。インド原産の草で、日本には中国を経由してかなり昔に伝わった。仏教徒の関わりが深いことで知られる。

高さは1～1.5mほど。地下茎は水底をはうように長くなる。地下茎はレンコンと呼ばれて食用になるので、水田で栽培されていることも多い。葉は地下茎の節から伸び、水上に出て直立し、直径約40cmの円形になる。扁平だが厚みがあるしっかりした葉で、全体的に緑色になり、縁のあたりは白色。

花が咲く時期は夏。一重咲き、八重咲きがあり、20枚以上の花弁がある大きな花が咲く種類も。色はピンク色や白色が多い。

DATA 　分布 全国　花期 6～8月

154

ミゾソバ

●溝蕎麦 ●Thunberg Knotweed

まめ知識

いろいろな名前で呼ばれる

蕎麦の花に似ている花を咲かせるので「ミゾソバ」と名前がつけられた。その他、水田に生えるから「タソバ」、水辺に生えるから「ミズソバ」という別名も。花が金平糖に似ているので「コンペイトウグサ」とも呼ばれる。

茎にトゲのような毛が生えている

水辺

葉がウシの顔に似ている

全国の河川や湖沼の岸、田畑の用水路などで見られる一年草。公園にある池の周りに群生していることも多く、さまざまな場所で観察できる。地下茎から出た茎は地面をはって伸び、途中から立ち上がって草丈は30cm～1mになる。茎にはトゲのような毛が下向きに生えていて、他の草木にからみつくこともある。鉾形をした葉には八の字の斑紋が入ることもある。ウシの顔にも似ているため、「ウシノヒタイ」という別名がつけられた。短い毛が生えていて触るとやわらかいのが特徴でもある。晩夏から秋にかけて白色やピンク色の小さな花が十数個集まって咲く。変異が大きくグラデーションになることも。

DATA 　分布 全国　花期 8～10月

セリ科
セリ
● 芹　● Water dropwort

白い花が密生する

DATA
分布 全国　花期 7〜8月

水辺

イネ科
ジュズダマ
● 数珠玉　● Job's tears

枝先の壺のような
ものが苞鞘

DATA
分布 全国　花期 9〜11月

春の七草に数えられる

日当たりのよい小川や水田などに生える香りのよい多年草。栽培されているが自生しているものも多い。春の七草のひとつで、平安時代から宮中の行事に使われてきた。草丈は 20 〜 50cm。競り合うように密集しているのが名前の由来。春から夏にかけて枝が伸び、小さな白色の花がたくさん咲く。秋に新芽をつける。

╭─── まめ知識 ───╮
似ているドクゼリに注意
採取するときは、似ている有毒のドクゼリに注意。ドクゼリの方が★葉柄が長い。

★葉柄：葉身と茎をつなぐ部分のこと。

ツボのような苞鞘

河川などの水辺に生える多年草。高さ 1 〜 2m までよく伸びる。葉は細長い形で長さ 50cm、幅 3cm 前後。茎の上部から枝が伸びて先端には壺のような形の★苞鞘があり、その中に雌花が、先から雄花が出ている。果実は苞鞘の中にでき、晩秋になると水辺に落ちて流れに乗って散布される。

╭─── まめ知識 ───╮
糸を通すと数珠になる
苞鞘の中心の穴に糸を通すと数珠のようになるのが名前の由来。本種を改良したのがハトムギ。

★苞鞘：花やつぼみを包むために変形した葉が、非常に固くなったもの。

ソーセージのような穂が特徴

河川や湖沼などに生える多年草。高さは1～2mで、細長い葉が伸びる。雌花が集まった花穂は10～20cmで、その上に10cm前後の黄色い雄花がつく。花穂は熟すと茶色くなり、まるでソーセージのように見える。地下茎を伸ばして増える。似ているヒメガマは葉が細く、雌雄の花穂が離れている。

まめ知識
薬や布団に使われてきた
さまざまな用途があり、花粉が止血薬、穂が松明や布団、茎は簾に使われてきた。古事記にも登場。

縁起がよい名前に変わった

湖沼や河川に生える多年草。昔は「アシ」という名前だったが、「悪し」につながるので縁起が悪いとされて「善し」といわれるようになった。円柱形の茎が高さ1～3mにもなる。柔軟性があり、倒れても起き上がって伸びる。細長い葉が互生する。夏から秋にかけて紫褐色の小さい花が密集して咲く。

まめ知識
河口で大群落を作る
地下茎を伸ばして周辺を埋め尽くすような大群落を作る。河口でもよく見かける。

ガマ科
ガマ
●蒲 ●Broadleaf Cattail

熟すと花穂が茶色くなる

DATA
（分布）全国　（花期）6～8月

水辺

イネ科
ヨシ(アシ)
●葦 ●Common Reed

河口にたくさん生える

DATA
（分布）全国　（花期）8～10月

イ (イグサ)

● 井草　● Rush

まっすぐ伸びる細い茎が密集している

水辺

茎が畳やゴザの材料になる

全国の池沼や山野の湿地に生えている多年草。「イ」という一字の名前は草木の中でも本種のみ。茎が畳表やゴザの材料になるので、人がいるところを意味する「居」から命名されたという説もある。

草丈は30〜60cm。場所によっては1mまで伸びることも少なくない。

直径2mm以下の円筒形の細い茎が密集してまっすぐ生える。葉は退化して赤褐色の小さな鞘状になり、茎の根元に数枚つく。地中や泥底に地下茎を伸ばして増える。

梅雨から秋にかけて薄緑色の小さな花が茎の先端に集まって咲く。花から葉に見間違える緑色の苞葉が伸びる。果実の中に0.5mmほどの種子が入っている。

まめ知識

行灯の芯や笹団子のひもに

本種の茎の用途は畳だけでなく幅広い。かつて茎の髄を油に浸して行灯などの明かりの芯にも用いられた時代もあったので、トウシンソウとも呼ばれる。ちまき

や笹団子などを縛るひもにも使われている。他にも利尿薬として用いられた時期もあった。熊本県の八代地方では500年前から本種を栽培している。

DATA　　分布 全国　　花期 6〜9月

オモダカ科
オモダカ
● 面高 ● Arrowhead

矢じり型の
大きい葉が特徴

人の顔や矢じりに見える葉

各地の浅い池沼に生えている多年草。水田や用水路でもよく見られる雑草としても知られる。

高さには場所や個体差があり、20〜80cmと幅広い。葉が大きく、長さ7〜15cmになる。葉が高く伸びた様子を人の顔に見立てて、「面高」と命名したという説もある。葉と花をモチーフにした沢瀉紋などの家紋がある。海外では葉の形を矢じりに見立てて、「Arrowhead」という英名がつけられている。

夏には3枚の花弁を持つ白い花が3輪ずつまとまって咲く。朝に咲いて夕方にはしぼんでしまう一日花。晩秋になると果実をつける。中には翼を持つ5mm程度の種子が入っている。

まめ知識
品種改良でクワイになった

本種の球茎を食べられるように品種改良した野菜が「クワイ」。芽がよく伸びるので縁起物として扱われ、おせち料理の一品として重宝されている。本種は食べられないが、鑑賞用に栽培されることもあるので「ハナグワイ」という別名もある。

DATA　分布 全国　花期 7〜10月

カキツバタ

杜若 ● Rabbit-ear Iris

花被は6枚で、うち3枚は外側にたれ下がっている

水辺

初夏に青紫色の花を咲かせる

常に水がある浅い池や沼、湿地に群生する多年草。特に湿原では大群落を作る。古くから日本人に親しまれてきた花で、『万葉集』の和歌にも詠まれている。

まっすぐ伸びた花茎は高さ40〜80cmになる。葉は長さ30〜60cmの幅広い剣形でやわらかい感触。基部は鞘のように茎についている。

初夏に青紫色の花を咲かせる。6枚の花被片のうち大きい外側の3枚がたれ下がり、内側の3枚が直立する。花被の付け根には、目立つ白い筋がある。カキツバタとよく似ているハナショウブは黄色い筋。アヤメとも間違えやすいが、アヤメは陸に生えるので区別できる。秋には数十個の種が詰まった果実ができる。

まめ知識
花が染料や名画になった

昔は花の汁が布を染めるのに利用されたことから、「書き付け花」や「掻付花」と呼ばれた。それがなまって「カキツバタ」になったという説もある。青紫色の花は鑑賞にも重宝され、江戸時代には画家の尾形光琳が本種の群生を屏風に描いた。この「燕子花図屏風」は東京都の根津美術館に収蔵されている。

DATA | **分布** 全国 | **花期** 5〜6月

シオカラトンボ

●塩辛蜻蛉 ●Common Skimmer

塩のような白い粉が
体を覆っている

水辺

オスには塩のような粉がつく

低山から平地にかけての池や水田を
はじめ、都市部の公園や水たまりな
どにもすんでいる。水辺で最もよく
見かけるトンボの一種。

成熟したオスは体が黒くなり、塩の
ような白い粉で覆われるのでこの名
前がついたといわれている。メスは
黄色に黒い斑紋。オスとメスの大き
さはほぼ同じで、翅を広げると8〜
9cm。飛びながらガやチョウなど
の昆虫を補食する。オスは縄張りを
もち、4〜10月の間に交尾する。
オスはメスが水辺で産卵を終えるま
で上空を飛びながら守る。幼虫のヤ
ゴは水底に隠れている。3カ月くら
いの間に脱皮を繰り返し、大きくな
ると水面に出ている枝などに登り羽
化する。

まめ知識
別名は「ムギワラトンボ」

羽化してしばらくはオスもメスも体色は
同じで黄色に黒い斑紋がある体色にちな
んで「ムギワラトンボ」とも呼ばれるが、
成熟したオスは名前のとおり塩を帯びた
ような色になり、複
眼が青くなる。メス
もまれに塩がついた
ようになるが、複眼
が緑色なので区別できる。

DATA | 体長 5〜5.5cm | 分布 全国 | 時期 4〜10月

ヤンマ科

ギンヤンマ

● 銀蜻蜓　● Lesser Emperor

まめ知識
似た種がいる

本種に似ている「クロスジギンヤンマ」はやや小さい。また、胸部に2本の黒い筋と頭部にT字の模様があるのが違い。

胸部と腹部の境が鮮やかな水色

銀色の腹部が名前の由来に

平地の池や沼、流れのゆるやかな小川の近くに生息する。周りが開けていて水面がよく見える場所を好む。体色はオスもメスも頭部と胸部が黄緑色、腹部が褐色。オスは胸部と腹部の境目あたりが鮮やかな水色なので区別できる。腹側の一部が銀色がかっているのが名前の由来になった。

翅を広げた大きさは10cm前後になる。主にチョウやトンボなどの昆虫を飛びながら捕食する。交尾を行うと連結飛翔の状態でメスが産卵管を水草に刺し卵を産む。幼虫のヤゴは水中で脱皮を繰り返しながら、水生生物を食べて育つ。大きくなるとオタマジャクシなどを捕食することもある。幼虫の状態で越冬し、翌年の春の夜間に地上に出て羽化する。

DATA　（体長）約7cm　（分布）全国　（時期）5～11月

水辺

162

アジアイトトンボ

● 亜細亜糸蜻蛉 ● Ischnura asiatica

体が細長い

まめ知識

腹部の紋で区別

「アオモンイトトンボ」とは、水色の紋の位置で見分ける。本種の方が大きいことでも区別できるが、腹部の紋の位置の方がわかりやすい。

アオモンイトトンボ

アジアイトトンボ

水辺

名前のとおり糸のように細い

平地の池や沼などの流れのない水辺や、水田などにすむ。草むらに群がっていることも。国内だけでなくアジア地域に幅広く生息している。

オスの成虫の体色は頭部と胸部が緑色、腹部が褐色。9節目が水色をしている。メスは羽化して間もないときは全体的にオレンジ色で、成熟すると緑色になる。小型で全長3〜4cmほど。名前のとおり糸のように細い。主に飛びながらカやハエなどの小さい昆虫を捕食する。交尾の時間が比較的長く、朝に始まって夕方近くまで続くこともある。産卵はメスが単独で行うことが多く、産卵管を水草などの植物に刺して卵を産む。幼虫は夏もしくは翌年の春に羽化する。

DATA （体長）約3cm （分布）全国 （時期）5〜10月

163

イトトンボ科
クロイトトンボ
●黒糸蜻蛉　Calamorum Damselfly

全体的に金属のような
光沢がある

水辺

オスは青色でメスが緑色

北海道から九州の平地の池や沼、水田の周辺に生息しているが、北海道や東北地方で見かけることは少ない。特に水草が多い水辺を好むが、成熟する前は草むらや林に移動することもある。
体色は頭部と胸部が緑色で腹部が褐色。成熟したオスは胸部に青白い粉を吹いたようになり、全体的に金属のような光沢を持つ水色に変わる。メスの体色は変わらないが、中にはオスと同じように青色に変化する個体もいる。初夏の午前中から活動を始め、小さい昆虫を捕食する。孵化した幼虫は水中でボウフラなどを食べて育つ。越冬して春に羽化したものに比べて、夏に羽化したものの方が小型になる。

まめ知識
水面のあちらこちらで産卵

春の早い時期から水面近くを飛んでいる姿が見られる。オスは縄張り近くで他のオスを排除しながらメスと交尾するが、生息数が非常に多いためすぐ近くで別のオスとメスが交尾や産卵をしていることもある。産卵は連結飛翔の状態で行うこともあれば、メスが潜水して行うこともある。

DATA　（体長）3〜3.3cm　（分布）全国　（時期）4〜9月

ヘビトンボ

蛇蜻蛉　Dobson Fly

羽に黄色い紋が
入っている

蛇のように噛みつく虫

山間部の渓流や小川の周りにある広葉樹林に生息。きれいな水を好むので、環境指標にもなっている。夜行性で、日が暮れると活動を始める。日中は川岸の石の下や木の幹などに止まっている。

体色は黄褐色で、翅に黄色い紋が入っている。大きくて平たい頭部に大きなアゴがあり、捕まえようとすると噛みつくので、蛇に見立てた名前になった。トンボではなくカゲロウに近い昆虫で、体のわりに翅が大きく、広げると10cmにもなる。成虫の寿命は1～2週間。孵化した幼虫は水中に落ち、大きいアゴでさまざまな水生昆虫を捕食する。2～3年ほど過ごした後、陸に上がって蛹になる。蛹の状態でも触ると噛みつく。

まめ知識
交尾のときにプレゼント

ヘビトンボは交尾のとき、オスがメスにプレゼントをすることで知られる。オスは蓄えた栄養でゼリーを作り、そこに精子を入れてメスに渡す。メスがゼリーを食べている間に精子が取り込まれるという仕組みになっている。メスが栄養で作られたゼリーを食べることは、卵を作ることにも役立つ。

DATA　体長 4.5～6cm　分布 全国　時期 6～8月

モンカゲロウ科

モンカゲロウ

●紋蜉蝣 ●Common Burrowing Mayfly

体よりも長い
3本の毛がある

成虫の寿命は春の1日のみ

山地から平地にかけての流れの緩い水辺に生息する。山間部の渓流の近くにいることが多く、主に植物の葉の裏に止まっている。

体は全体的に黄褐色で腹部には濃淡の模様がある。オスの頭部は黒褐色。翅は透明に近い黄色で、翅脈が黒くはっきりしている。腹部の先端から体長よりも長い3本の毛が伸びる。カゲロウの中では大型種で、メスはオスよりも大きくなる。成虫の寿命は1日。春の夕暮れに一斉に羽化し、オスが群れて飛ぶ中にメスが入って交尾し、水辺で産卵する。孵化した幼虫は体長2cmほどの細長い体に7対のえらを持ち、水中で翌年の春まで脱皮を繰り返して育つ。主に川底の有機物や水生昆虫を食べる。

まめ知識
飛ぶ様子が陽炎に似ている

名前の由来は、群れて飛ぶ様子が陽炎のように見えるから。ときには数時間で寿命が尽きるため、はかないもののたとえに使われる。名前が似ている「ウスバカゲロウ」は別種で、成虫の寿命は2〜3週間あるという違いがある。

DATA ｜ 全長 1〜2cm ｜ 分布 全国 ｜ 時期 4〜6月

全国で見られる小さいホタル

水田や湿地などの水辺にすんでいるが、近年は生息数が減っている。全体的に黒色で短い毛に覆われ、胸部が淡赤色。腹部には黄白色の発光器がある。ゲンジボタルよりも小さいのでヘイケボタルという和名がつけられた。幼虫は水中でモノアラガイなど巻き貝を食べて育ち、初夏に羽化する。

日本固有種のホタル

水のきれいな場所に生息する日本固有種。全体的に黒色で胸部が淡赤色。オスは川の上を飛びながら発光し、メスは草木にとどまり発光する。成虫の寿命は2〜3週間程度で、月が暗くて暖かい夜に交尾と産卵を行う。幼虫はほぼカワニナしか食べない。翌年の春になると川岸の土に潜り、繭を作って蛹になる。

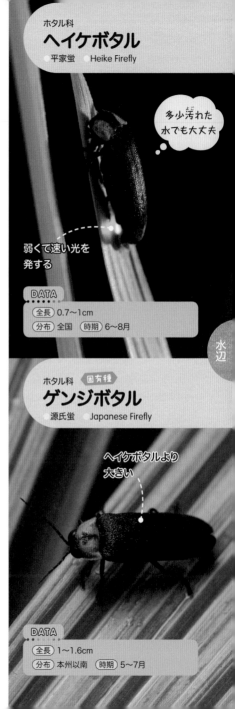

ホタル科
ヘイケボタル
平家蛍　Heike Firefly

多少汚れた水でも大丈夫

弱くて速い光を発する

DATA
全長 0.7〜1cm
分布 全国　時期 6〜8月

水辺

ホタル科　固有種
ゲンジボタル
源氏蛍　Japanese Firefly

ヘイケボタルより大きい

DATA
全長 1〜1.6cm
分布 本州以南　時期 5〜7月

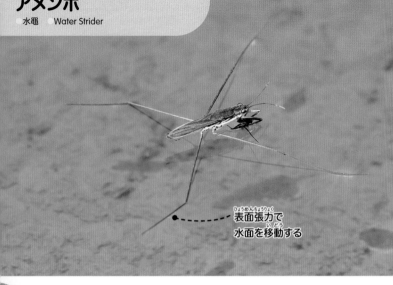

アメンボ科

アメンボ

● 水黽 ● Water Strider

表面張力で水面を移動する

水辺

表面張力で水面を自在に移動

平地の池や水田、流れのゆるやかな小川をはじめ、都市部の水たまりにも生息する。水面を滑るようにスイスイと移動する姿をよく見かける。体色は全体的に褐色が多い。足の先には細かい毛がたくさん生えていて、さらに油分も分泌されているので、表面張力を利用して沈まずに移動できる。長い中足で水を蹴り、後ろ足でかじをとって自在に動く。わずか30mgの体重も水面での生活に適している。まれに空中を飛んで移動することもある。オスが中足を使って波紋を起こし、メスを呼び寄せて交尾すると水中の水草に産卵する。昆虫が水に落ちたときの波紋を感じ取って近づき、針のような口器を刺して体液を吸う。

まめ知識

飴のようなにおいがする

飴のような甘いにおいがして、棒のように細いことから「飴棒」という名前が付けられ、やがて「アメンボ」となった。絶えず動いているように見えるのは、足や体の掃除をしているから。足先から分泌する油が水をはじくしくみなので、汚れがつくと濡れて沈んでしまうので、使ってきれいにする習性がある。

DATA | 体長 1.1～1.6cm | 分布 全国 | 時期 10～11月

オスメスで体色が異なる

生息地は仙台平野から関東地方を除く本州・四国・九州。平地の池や田畑にいることが多い。カエルには珍しく雌雄で体色が異なる。オスは緑色と褐色でメスは灰白色。どちらも背の中央の線が目立つ。昆虫やクモをはじめ、口に入ればヘビも貪欲に捕食するといわれる。梅雨頃には「グギギギ」と鳴く。

まめ知識
鳴き声が「カエル」の語源
各地に生息するうえ、家庭で飼育されることもある。「カエル」の語源は本種の鳴き声という説もある。

ずんぐりしたシルエットが特徴

東北地方南部から関東・東海・近畿・四国の池沼や水田などの湿地にすむ。体色は褐色で部分的に緑色をしている。腹部が大きく後肢が短いずんぐりとした体型をしている。地域によって亜種がいて、関東のものはトウキョウダルマガエル、東海から近畿のものはナゴヤダルマガエルと呼ばれる。

まめ知識
生息地の地名で呼ばれる
関東地方でトノサマガエルと思われているカエルはトウキョウダルマガエルである。

アカガエル科
トノサマガエル
●殿様蛙　Black-spotted Pond Frog

グギギギ

オスは緑色と褐色、メスは灰白色

DATA
体長 3.8〜9.4cm
分布 本州以南　時期 春・夏

水辺

アカガエル科　固有種
ダルマガエル
●達磨蛙　Daruma Pond Frog

体色は褐色で部分的に緑色

DATA
体長 3.9〜8.7cm
分布 本州・四国　時期 春・夏

イモリ科 固有種

ニホンイモリ

●日本井守 ●Japanese Fire Belly Newt

腹部に赤色と黒色の
斑紋がある

水辺

アカハライモリとも呼ばれる

日本の固有種で本州から九州まで幅広く分布している。池、川の淀み、水田など流れのない水辺で過ごすことが多い。水辺に潜んでいて、井戸や田にすみつくことから井守と名付けられたという説がある。

背面は黒褐色だが、腹部には赤色と黒色の斑紋があるため、アカハライモリとも呼ばれる。毒を持ち派手な色はその警告色でもある。体色はオスメス同色。繁殖期にはオスの尾が紫色に変わる。交配後、メスは水中の流れが少ない場所の水草でくるむように数個から40個程度の卵を産む。昆虫、ミミズ、オタマジャクシなどを食べる。高い再生能力をもち、足や尾が傷ついたり切れたりしても骨まで再生できる。

まめ知識

フグと同じ毒を持つ

目の後ろにある耳腺からフグの毒と同じテトロドトキシンを分泌する。触れただけならすぐに影響はないが、口や目から入ると害があるので皮膚についたときはよく洗うこと。捕食者に対して赤い腹部で警告しているため天敵は少ないが、近年は水辺の開発で生息数が減っている。

DATA 全長 8〜13cm 分布 本州以南 時期 3〜10月

170

関東では赤色と黒色の斑紋をもつが、近畿では緑色に近い褐色

全国的に見られる毒ヘビ

日本で最もよく見かけるヘビの一種。本州、四国、九州の池沼や水田などの湿地にすむ。山棟蛇と名付けられたが、実際には山より平地の水辺にいることが多い。

体色は地域差や個体差が大きく、関東では赤色と黒色の斑紋が目立つ一方、近畿では緑色に近い褐色となる。他にも青色や黒色などさまざまなパターンをもつ。6～8月頃に数十個の卵を産む

有毒で噛まれると死に至る場合もある。臆病な性質で人が近づく気配を察知すると逃げるが、首をもたげて威嚇してくることもあるので注意が必要。泳ぎが得意で、水辺にいるカエルやカナヘビ、ドジョウなどを捕食する。

まめ知識
2種類の毒腺がある

ヤマカガシの毒腺は上あごの奥と首の皮膚の下にある。深く噛みつかれると毒を注入されるので、ただちに医療機関へ。首をつかむと皮下の毒が飛び散ることもあるうえ、まれに毒を飛ばしてくることもある。捕まえようとしたときにかまれることが多いので、見つけても刺激しないことが大事。

DATA　全長 80～150cm　分布 本州以南　時期 春～秋

イシガメ科 **外来種**

クサガメ

● 臭亀　■ Reeve's Pond Turtle

甲羅に3本の
出っ張った筋がある

まめ知識

18世紀に移入した外来種

かつては日本在来種とされていたが、実は18世紀末頃に朝鮮半島経由で持ち込まれた外来種であると考えられている。日本固有種で準絶滅危惧種に指定されているニホンイシガメとの交雑が懸念されている。

水辺

名前の由来は臭いにおい

本州以南の各地でよく見かけるカメ。平地の湖沼や里山の水田、住宅街の公園の池などの水辺に生息して昼行性なので日光浴をしている姿を見ることが多い。臭いにおいを出すので臭亀と命名されたといわれる。子ガメは「ゼニガメ」とも呼ばれ、ペットショップで販売されることもある。

甲羅は暗褐色でやや平たい形状。3本の出っ張った筋が特徴。腹側は黄色。首に黄緑色の縞模様がある。オスメスともに同じ色だが、オスは尾が長く、成長すると黒くなることで判別できる。春と秋の繁殖期には水中で交尾した後、メスは地面に穴を掘って5〜10個の卵を産む。雑食性で水生昆虫、カエル、水草、魚などを食べる。

DATA　甲長 最大20cm(オス) 最大30cm(メス)　分布 本州以南　時期 春〜秋

ミシシッピアカミミガメ

●ミシシッピ赤耳亀 ●Red-eared Slider

頭部の両側に赤い模様がある

水辺

アメリカから持ち込まれた

ほぼ全国の河川や湖沼などの淡水域をはじめ、海水が混ざる河口にもすんでいる。流れがゆるやかで水底が柔らかく、水生植物が多い環境を特に好む。子ガメの時期には「ミドリガメ」と呼ばれ、ペットショップで販売されていることもある。

オスメスともに頭部の両側に赤い模様があり、それが耳に見えることから赤耳亀と名付けられた。1950年代にアメリカからペットとして持ち込まれた外来種。飼いきれずに外に放たれたものが国内の各地に定着したと考えられる。

繁殖期にはオスが爪を震わせてメスに求愛する。食欲旺盛で水草や藻をはじめ、水生昆虫、ザリガニ、貝など幅広く採食する。

DATA 甲長 最大28cm 分布 本州以南 時期 春～秋

スッポン科
ニホンスッポン
●日本鼈 ●Japanese Soft-shelled Turtle

鼻先が尖っている

水辺

甲羅は柔らかい皮膚

本州以南に生息。ニホンスッポンという名前だが、東アジアに幅広く分布している。甲羅は他のカメと違って鱗のようなつくりを持たず、柔らかい皮膚で覆われている。全体的に茶色。オスの方がやや大きくなる。日光浴のとき以外は水中で過ごす。特に水底の泥を掘って潜ることを好

む。水中から首だけ伸ばし、水面に尖った鼻先を出して息をする。
春の繁殖期を経て夏に地上に穴を掘って一度に10～40個の卵を産む。幼生は60日前後で孵化する。食性は肉食でカエル、水生昆虫、魚などを食べる。
古くから食用として親しまれ、日本料理では高級食材として肉だけでなく血も使用される。

まめ知識

噛みつかれないように注意

臆病で泥の中に隠れていることが多い一方、触れられるとすぐに噛みつこうとする。スッポンはアゴの力が強く、口で挟まれると容易にははずせない。不用意に手

を出さないことが重要。もし噛まれた場合は水中に入れると離すことが多い。

DATA　甲長 15～35cm　分布 本州以南　時期 春～秋

きれいな水にしかすめない

北海道と東北地方にすむ日本固有種。水温が20℃以下のきれいな水にしかすめないため、生息地は河川の上流や山間部の湖沼などに限られている。体色は全体的に暗褐色。他のザリガニに比べて体やハサミが小さい。春の繁殖期にはメスが腹部に50個前後の卵を抱え、孵化するまで守る。主に落ち葉を採食。

まめ知識
国の天然記念物に指定
生息地が少ない絶滅危惧種。生息地の秋田県大館市が、国の天然記念物に指定されている。

アメリカから移入した外来種

北海道から九州の水田や湖沼などの湿地に生息する。水深が浅い水辺の泥底に潜っていることが多い。体色は赤色だが、褐色に近い個体もいる。危険を察知すると大きなハサミを振り上げて威嚇する。1920年代にウシガエルの餌としてアメリカから輸入され広まった外来種。水草や水生昆虫などを食べる雑食性。

まめ知識
水質が悪くてもすめる
繁殖力が強いうえ、水質が悪い場所でも生きられる。生態系への悪影響が懸念されている。

アメリカザリガニ科 　固有種
ニホンザリガニ
● 日本蜊蛄　● Japanese Crayfish

体色は
暗褐色をしている

DATA
全長 4～6cm
分布 東北以北　時期 一年中

水辺

アメリカザリガニ科 　外来種
アメリカザリガニ
● アメリカ蜊蛄　● Clark's Crayfish

体色は赤

DATA
全長 8～12cm
分布 北海道から九州　時期 春～秋

テナガエビ

手長海老　Freshwater Prawn

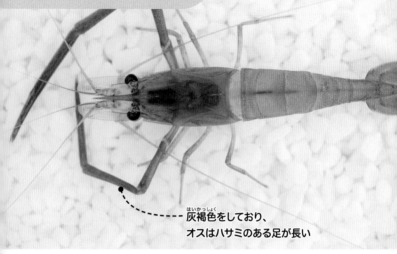

灰褐色をしており、
オスはハサミのある足が長い

水辺

長いハサミを持つのはオスだけ

生息地は本州・四国・九州の河川や湖沼など、水草がたくさん生えている水辺。夜行性なので日中は石の下や川岸の横穴などに潜んでいるが、日が当たらない天気や場所では昼でも姿を見られる。淡水にすむ大型のエビの一種で食用にもなる。
オスとメスはどちらも灰褐色。オスはハサミのある足が長く、全長の1.5倍を超えることもある。縄張りを作り、他の個体が侵入するとハサミを使って攻撃する。メスは名前とは異なり、ハサミが短くて小さい。繁殖期は春から夏にかけて交尾をした後、メスが1000個以上の卵を産み、腹肢で抱えて孵化まで保護する。水生昆虫やミミズ、エビなどを捕食する肉食性。

まめ知識

川で生まれて海で育つ

テナガエビ科の多くは川で生まれてから海に移動し、幼生の時期を海で過ごす。成長して子エビになると再び川に戻り、生涯をそこで暮らす。このような生まれた場所に戻るという、魚のサケやマスと同じような習性を「通し回遊」という。寿命は個体差があるが、1～3年と考えられている。

DATA　全長 8～15cm　分布 本州以南　時期 一年中

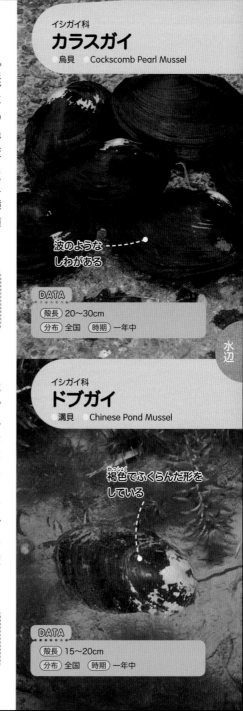

佃煮にもなる食用の貝

全国の平地や湖沼、河川の泥底にいる。特に滋賀県の琵琶湖に多く生息していて、佃煮などの食用にもなる。若い頃は黄緑色だが、成長にともない黒色に変わり、波のようなシワが出る。最大で30cmにもなる大型の貝類の一種。個体差はあるが、横から見るとふくらんでいる。植物プランクトンを採食する。

まめ知識
養殖真珠のヒントになった
古代の中国で殻の中に仏像を入れて真珠を作ったといわれており、現代の養殖真珠につながった。

臭みが名前の由来になった

全国の河川や湖沼の泥底に生息している。水のきれいな環境を好むが、名前のとおりドブのような臭みがあり、食用に用いられることは少ない。褐色でふくらんだ形をしている。生まれて間もない幼生の時期には、メダカやヨシノボリのひれに寄生して過ごす。タナゴ類には卵を産み付けられる共生関係にある。

まめ知識
カラスに食べられることも
厚みがある半面、殻が薄くて柔らかいので、カラスなどの鳥に採食されることも多い。

イシガイ科
カラスガイ
● 烏貝 ● Cockscomb Pearl Mussel

波のような
しわがある

DATA
殻長 20〜30cm
分布 全国 時期 一年中

水辺

イシガイ科
ドブガイ
● 溝貝 ● Chinese Pond Mussel

褐色でふくらんだ形をしている

DATA
殻長 15〜20cm
分布 全国 時期 一年中

マシジミ

● 真蜆　● Freshwater Clam

古くから
食用にされてきた

DATA

殻長 約3cm

分布 全国　時期 一年中

水辺

成長にともない色が濃くなる

全国の河川の上流から中流にかけてよく見かける。砂礫や砂泥底にすんでいる。きれいな水とゆるやかな流れを好み、山間部の川にいることもある。殻の色は若い頃が黄褐色で、成長にともない緑色、黒色と濃くなっていく。内側はきれいな紫色。古くから食用にされてきたが、外来種の侵入で数が減っている。

まめ知識
雌雄同体の珍しい貝
1つの個体がオスとメスの機能を持つ雌雄同体。体内で卵を孵化させ、子貝を育てることができる。

タニシ科

マルタニシ

● 丸田螺　● Chinese MysterySnail

緑がかった暗褐色の殻に
うっすらと縞模様がある

DATA

殻高 4～6cm

分布 全国　時期 一年中

泥に潜って温度調整をする

全国の水田や池沼、浅い小川などにすんでいる。水温は20～25℃を好み、寒かったり暑かったりすると泥底に潜る。緑がかった暗褐色のベースにうっすらと縞模様がある。名前のとおり丸みがある形が特徴。年間に20個程度の子貝を産む。石に生えた藻や沈殿した有機物を食べる。近年は生息数が減少。

まめ知識
水がなくても越冬できる
乾燥に強く、水がなくなった乾田でも地中に潜って越冬できる。その際にはフタを閉めて身を守る。

水草の周辺で見かける

全国の池や川にすむ。特に流れがゆるやかな場所を好み、マツモなどの水草の周辺で泳ぐ。土手のある田畑の用水路で見かけることもあるが、野生のメダカは数が減っている。全体的に淡い褐色。体に厚みがなく背ビレが尾に近い位置にある。オスは尻ビレが大きく、背ビレ後方に切れ目がある。

まめ知識
目の位置が名前の由来
小さいわりに目が大きく、横から見ると上に飛び出ていることが名前の由来になった。

★体の特徴や分布域により「ミナミメダカ」と「キタノメダカ」に分かれる。

メダカに似ている外来種

北アメリカ原産の外来種。ボウフラをよく食べるので、和名のとおり「蚊を絶やす」ために20世紀初め頃に導入された。池沼や小川に群れですんでいる。オスは全体的に暗褐色で、メスは黄褐色。メダカに似ているが、本種は尾ビレの形が丸みを帯びているのが特徴。汚れた環境でも生活でき、昆虫や藻を食べる。

まめ知識
稚魚を産んで繁殖する
交配後にメスが体内で卵が孵化するまで育て、稚魚を産む卵胎生。そのためメスの方が体が大きい。

メダカ科
メダカ
● 目高 ● Japanese Killfish

背ビレが尾に近い位置にある

DATA
全長 3cm
分布 全国　時期 一年中

水辺

カダヤシ科　外来種
カダヤシ
● 蚊絶 ● Mosquitofish

尾ビレの形が丸みを帯びている

DATA
全長 3cm
分布 福島県以南　時期 一年中

モツゴ

持子 ●Topmouth Gudgeon

銀色に黒い縦帯が入っている

DATA

全長 8cm

分布 全国　時期 一年中

水辺

適応能力のある魚

河川、湖沼、用水路などあらゆる水辺にいる。砂泥地のある環境を好むが、適応能力が高く汚れにも強い。全体的に銀色で縦帯には黒い線が入る。繁殖期にはオスの鱗に濃い縁取りが現れる。春頃からメスが石や流木に卵を産み、オスが掃除しながら孵化まで守る。主に水生昆虫や藻類などを食べる雑食性。

まめ知識
口の形が別名に
口を細く尖らせたような顔つきなので、別名「クチボソ」。佃煮として食用にもなる。

コイ科 固有種

アブラハヤ

油鮠 ●Amur Minnow

黄褐色で背に近い方は褐色をしている

DATA

全長 15cm

分布 岡山県以北　時期 一年中

油を塗ったようにヌルヌル

山地の小川や上流の淵など水温が低いところに生息。岸の近くで群れでいるので見つけやすい。全体的に黄褐色で背に近い方は褐色。縦帯の部分はやや色が濃い。体の表面から粘液をたくさん分泌し、油を塗ったようにヌルヌルした感触なのでこの名前がついた。雑食性で水中に落ちた昆虫や藻類を食べる。

まめ知識
護岸工事後の川にもいる
生息数が減少している地域もあるが、護岸工事後のコンクリートで覆われた川でも見られる。

コイ科
コイ
●鯉　●Common carp

暗褐色で、鱗の根元は黒っぽい

野生型と飼育型がいる

河川の中流や下流、湖沼などに生息。流れがゆるやかな泥底を特に好む。日本固有種の野生型と、外国から持ち込まれた飼育型がいる。野生型は滋賀県の琵琶湖で見られ、体高が低く断面が丸い。飼育型は全国で見られ、体高が高く断面が薄い。体色は全体的に暗褐色。鱗の根元が黒っぽいので、規則正しい模様に見える。オスはメスに比べて頭がやや大きく体が細いが、見分けは極めて難しい。

2対の口ヒゲがセンサーの役割をはたし、何でも貪欲に飲み込む。主に水草、エビ、イトミミズ、小魚など。のどに歯があり、タニシなどの硬い貝も噛み砕いて食べる。庭園などではエサやりができる場合がある。

まめ知識
長生きして1mにも成長する

寿命が15～20年と長く、60cmまで大きくなる。中には1mを超える個体もいる。かつて河川をきれいにする目的で主にヤマトゴイが放流されたが、長寿で雑食なので、他の魚や卵、水生昆虫などの生きものを食べてしまうことが明らかになっている。そのため、現在は放流を控える地域もある。

DATA　（全長）60cm～1m　（分布）全国　（時期）一年中

181

コイ科 固有種
ギンブナ
● 銀鮒 ● Gin-buna

ほぼメスしか生まれない

水辺

釣りの初心者でも釣れる

全国の河川や湖沼、田畑の用水路で見かけるコイの仲間。特に流れがゆるやかな場所を好む。別名のマブナやヒワラとも呼ばれる。

体色は全体的にオリーブ色を基調とし、背側が暗灰色で腹側にかけて銀白色に変わる。フナ類の中では、ゲンゴロウブナに次いで体高が大きい。

寿命は5年程度で、歳をとると頭と背ビレの間が盛り上がってくる。本種はほぼメスしか生まれず、メスのみで繁殖するのが特徴。雑食性で動物プランクトンや藻類を食べることが多いが、水生昆虫も捕食する。貪欲な食欲の持ち主で釣り餌のミミズもよく食べるため、釣りの初心者でも釣り上げられる。各地で塩焼きなどの食用にされている。

まめ知識
メスだけで繁殖する

本種は大半がメスで、オスがいなくても繁殖できる単為生殖。魚類では非常に珍しい繁殖方法である。繁殖期の春に水草に卵を産む。卵の発生には精子が刺激として必要なので、本種以外のウグイやナガブナ、ドジョウなどのオスを利用する。ただし生まれた稚魚はオスの影響を全く受けず、メスとほぼ同じ姿形に成長する。

DATA （全長）25cm （分布）全国 （時期）一年中

二枚貝の中に産卵する

関東以北の太平洋側の河川や湖沼にすむ。日本固有種だが絶滅が危惧されている。全体的に銀色で側面は青緑色がかっている。オスは繁殖期の春になると体がピンク色、腹が黒色に変わる。メスが二枚貝の水管に卵を産みつけ、オスが精子をかける。孵化した稚魚は貝から泳いで出てくる。藻類などを採食する。

長い口ヒゲで見分けられる

青森から北九州の小川や用水路、湖沼などにいて、特にやや流れのある場所を好む。長い口ヒゲが生えているのが特徴で、体色はオスメスともに青みがかった銀白色。繁殖期の春にオスはエラから体にかけて赤紅色に変わる。メスには産卵管が出現し、マツカサガイなどの水管に卵を産む。

コイ科　固有種
タナゴ
● 鱮　● Broad-striped Bitterling

全体的に銀色の体

DATA
全長　7cm
分布　関東以北　時期　一年中

水辺

コイ科
ヤリタナゴ
● 槍鱮　● Slender Bitterling

長い口ヒゲがある

DATA
全長　7cm
分布　本州以北　時期　一年中

ドジョウ

●泥鰌 ●Weather loach

5対の口ヒゲがある

5対の口ヒゲで餌を探し当てる

平地の小川や水田、湿地などにすんでいる。近年は川の整備や農薬の使用などが原因で、すみかとなる泥底のある場所が減っている。中国などから食用に輸入された外来種との交雑も心配されている。

体色は褐色で背側に不規則な斑紋がある。細長くヒレが小さい円筒形の体系で、鱗が小さく体表には滑りがある。オスとメスの大きさはほぼ同じだが、オスの胸ビレの先端が大きく尖っているので判別できる。5〜8月の夜間に水田の泥底に産卵する。5対の口ヒゲを使って主に藻類や泥の中の有機物を探し出す他、ユスリカやイトミミズも食べる。昔から食用にされ、捕まえる様子をもとに「ドジョウすくい」という踊りもある。

まめ知識
水がないと泥に潜る

エラ呼吸に加えて、口から空気を吸って腸呼吸も可能な珍しい魚類。水面まで上がってきて、口で息を吸っている姿を見られる。吸った空気は腸でガス交換され、肛門から気泡として排出される。水がなくなると泥に潜って生き延びる。泥を掘ると発見できる場合も多い。

DATA	全長 15cm	分布 全国	時期 一年中

普段は背側が濃い褐色、腹側にかけて銀白色

繁殖期には縞模様に変わる

全国の河川の上流から下流、河口付近までを行き来しながら群れで暮らす集団もいる。水質汚染に強いので、都市部の川でもよく見られる。幅広く分布しているので、地域によってハヤ、アカハラ、イダなどの別名がある。釣り人にもなじみ深い魚。

体色は背側が濃い褐色、腹側に向かって銀白色になる。繁殖期の春にはオスもメスも色が変わり、オレンジ色と黒色の縞模様が現れる。群れで流れのゆるやかな場所に集まり、水底の石に粘着性のある卵を産む。稚魚は1年で5cm以上に成長し、2年目には15cm程度まで大きくなる。雑食性で旺盛な食欲の持ち主で、水生昆虫や小魚、卵などを捕食する他、藻類を食べることもある。

まめ知識

さまざまな料理に使われる

生息数が多く各地で釣れるので、昔からさまざまな料理に使われてきた。南蛮漬け、唐揚げ、塩焼き、天ぷらなど、郷土料理としている地域もある。本種の仲間には北海道のエゾウグイ、秋田県から新潟県の日本海側に生息するウケクチウグイがいる。

DATA　全長 25cm　分布 全国　時期 一年中

コイ科
オイカワ
●追河 ●Freshwater Minnow

腹側は銀白色に
赤の横斑がある

オスの方が大きくて派手

流れのゆるやかな河川の中流から下流にかけて生息する他、湖沼にすんでいることもある。適応能力が高く汚染にも強いため、都市部の川でも泳ぐ姿を見られる。

背側は淡褐色で、腹側が銀白色をベースに赤みを帯びた10個程度の横斑がある。メスよりオスの方が大きくなり、尻ビレが伸びる。繁殖期の初夏にはオスの体色が派手な赤色と青緑色に変わるが、メスは変化しない。つがいとなって岸に近い川底に40cmほどの産卵床を作り、産卵と放精をする。生まれた稚魚は川を下って下流域の環境のある場所で過ごすが、成長した後に上ってくる。生息域に合わせて藻類や水性昆虫、カニなどを食べる。

まめ知識
琵琶湖から各地に広まった

本来の生息地は関東以南と四国、九州の一部で、滋賀県の琵琶湖のアユの稚魚を各地に放流する際、本種が混ざっていたため東北などにも広まったという。近縁のカワムツやヌマムツとまとめてハヤと呼ばれ、これらは本種の移入や産卵床の重複のため、実際に交雑も起きているといわれている。

DATA	全長 10cm	分布 本州以北	時期 一年中

川の中層で浮くように泳ぐ

河川の中流から下流、湖沼などの淡水域にすむ。底から離れた中層あたりで浮くように泳いでいることが多い。体色はやや薄い褐色で、ヒレを含む全身に黒褐色の斑紋がある。繁殖期の春になるとメスの腹側が黄色くなる。体は頭部が太く尾に向かって狭くなる円筒形。肉食性で昆虫や甲殻類、小魚を食べる。

まめ知識
オスが卵を保護する
春にオスが底の石の下に産卵場所を作り、メスを呼び込む。卵が孵化するまでオスが守る。

縄張り意識が強いハゼ

愛知県や新潟県から九州にかけて生息する日本固有種。河川、湖沼、水田などで見かける。縄張り意識が強く同種とは争う半面、人に対する警戒心は強くない。体色は褐色でヒレの一部に黒い斑紋がある。繁殖期にはオスの体色が黒色に変わる。尾に向かって細くなる円錐形の体型。魚や水生昆虫を捕食する。

まめ知識
繁殖期に「グー」と鳴く
春から夏にかけて繁殖期となる。オスは孵化まで卵を守り、「グー」という鳴き声を出すこともある。

ハゼ科
ウキゴリ
- 浮吾里　● Floating Goby

黒褐色の斑紋が
全身にある

DATA
全長 12cm
分布 全国　時期 一年中

水辺

ハゼ科　固有種
ドンコ
- 鈍甲　● Dark Sleeper

体色は褐色でヒレの一部に
黒い斑紋がある

DATA
全長 15cm
分布 関東以南　時期 一年中

アユ
● 鮎 ● Ayu

オスは追星という
白い斑点が目立つ

水辺

草食性で臭みのない川魚

主に河川の中流域で見かける川魚の代表。稚魚は川を下って海で過ごし、産卵のために上ってくる。海まで続かない川では湖やダムで過ごす。体色は背側が青みがかったオリーブ色で、腹側が銀白色となる。養殖の個体は全体的にオリーブ色が強い。成長して川を上る際には群れを作る

が、中流域にたどり着くと縄張りを持ち、胸ビレの後ろに黄色い斑紋が出現。背ビレが長く黒くなり、体表がざらざらした感触に変わる。オスは追星という白い斑点が非常に目立つ。稚魚が暮らす海では動物性プランクトンなどを食べるが、成魚になると主に川底の藻類を食べる。雑食性の川魚と違って臭みがなく、おいしいことで知られている。

まめ知識

1年しか生きない「年魚」

アユは秋に川で生まれた後、海で冬を過ごし、春になると川を上ってくる。それから秋に産卵して死んでしまう。1年しか生きないため「年魚」と呼ばれる。現在では各地で稚魚が放流されているが、河川の工事で川を上れないことがあり、生息数の減少が危惧されている。

DATA 　全長 20cm　分布 全国　時期 一年中

セキレイ科
ハクセキレイ
● 白鶺鴒　● White Wagtail

白い顔と目を通過する
黒い線をもつ

チチチュン
チチチュン

水辺

尾羽を振りながら歩くのが特徴

全国の河川や河口、田畑の用水路にすむ留鳥。駐車場や人家の近くにいることもあり、都市部でもよく見られる。つがいで過ごしているが、冬になると群れを作って河川の橋の下や市街地の街路樹などにすみつく。オスメスはほぼ同色で、白い顔と目を通過する黒い線が特徴。どちらも

長い尾羽を持っている。人を恐れず近くまで寄ってくることも珍しくないので、身近で観察できる鳥。尾を上下に振りながら歩いたり、波状を描きながら飛んだりするのがセキレイ科の特徴。軽快に移動しながら昆虫を捕らえて食べる。

高い声で「チチチュンチチチュン」と鳴くが、さえずるときは「チュイチー」とゆっくり繰り返す。

まめ知識
最も数が多いセキレイ

日本に生息するセキレイ科セキレイ類に分類される鳥は6種いる（ツメナガセキレイ、キガシラセキレイ、キセキレイ、ハクセキレイ、セグロセキレイ、イワミ

セキレイ）。長い尾羽を上下に振りながら歩くことで知られ、英名のWagtailは、wag（振る）とtail（尾羽）をつなげたもの。

DATA　（体長）21cm　（分布）全国　（時期）一年中

189

カワセミ

翡翠 ● Kingfisher

チッ

緑色にも青色にも
見える羽を持つ

水辺

「水辺の宝石」と呼ばれる

生息地は全国の山の渓流、平地の河川や湖沼など水辺だが、市街地に移動してくることもある。縄張り意識が強いので単独で生活し、決まった休息場と採食場で過ごすことが多い。春の繁殖期には相手にエサをプレゼントしてつがいになり、土手に穴を掘ったりブロックの排水口を利用したりして巣を作る。

緑色にも青色にも見える美しい羽の色は、オスとメスで共通。よく見ればメスの方がやや淡い色をしている。「水辺の宝石」や「空飛ぶ宝石」とたとえられ、「翡翠」をカワセミと読ませる。水辺で水中の魚や昆虫に狙いを定め、勢いよく飛び込んで捕らえる。「チッ」「ケレッ」と金属的な鋭い声で鳴く。

まめ知識

瞬膜がゴーグルになる

全ての鳥類が備えている目を守るための「瞬膜」をゴーグルのようにしてダイビングする。獲物を捕らえると丸飲みしやすいように足場に叩きつけて弱らせる。

消化できない骨や鱗はまとめて「ペリット」というかたまりにして吐き出す習性がある。

DATA 　全長 17cm 　分布 全国 　時期 一年中

ヨシの茎を器用に切る

夏になると渡来し、全国の山地や平地にあるヨシ原で過ごすことが多い。他にも湿地や公園の池などの水辺で観察できる。頭から背中にかけて灰褐色、のどから腹にかけては淡くなり白色に近い。オスとメスはほぼ同じ。ヨシの茎をくちばしで割って昆虫を食べることから、オオヨシキリの名前がついた。

ウグイス科
オオヨシキリ
●大葦切 ●Great Reed Warbler

頭から背中は灰褐色、のどから腹は白に近い色をしている

DATA

全長	18cm		
分布	全国	時期	4月〜10月

水辺

黒い頭と白い顔が目印

本州以南に渡来する夏鳥。海岸、河口、河川などにすみ、干潟や中洲などに群れで巣を作って卵を産む。オスとメスはほぼ同色で、頭が黒く体は薄い灰色。他のアジサシの仲間とは顔が白いことで区別できる。水上をホバリングして魚を探し、ダイビングして捕らえる。「キリッ」「キュッ」と短く鋭く鳴く。

カモメ科
コアジサシ
●小鯵刺 ●Little Tern

頭は黒く、顔は白色をしている

キュッ

DATA

全長	28cm		
分布	全国	時期	5〜10月

アオサギ

●青鷺 ●Grey Heron

首に白い
飾り羽がある

キャッ

DATA

全長	93cm		
分布	全国	時期	一年中

水辺

サギ科

ダイサギ

●大鷺 ●Great Egret

全体的に白く、
背中に飾り羽がある

ゴアー

DATA

全長	90cm		
分布	関東以南	時期	一年中

首の飾り羽が華やかな鳥

全国の河川、干潟、湖沼などに群れですんでいる。普段は水辺にいるが、繁殖期には木の上などに巣を作る。オスもメスも羽色は全体的に灰褐色で、首には白い飾り羽がある。魚やカエルを見つけると、長いくちばしで刺して捕らえることもある。飛び立つときに「キャッ」と大きく高い声で鳴く。

―◆まめ知識◆―
日本で一番大きいサギ
日本にいるサギの中で最大級。すらりとした体型と長い足が特徴で、ツルと間違えられることも。

浅い水辺にすんでいる

関東以南の河川、湖沼、水田など体が濡れない浅めの水辺で見かけることが多い。他のサギと混ざり、林でコロニーを作って暮らす。オスメスともに全体的に白く、背中には飾り羽がある。繁殖期の春から夏にかけて5個前後の卵を産む。飛ぶときに「ゴアー」と鳴く。長い足で水中を歩き、魚を採食する。

―◆まめ知識◆―
夏冬でくちばしの色が変化
夏は目の周りがくすんだ青色で、くちばしが黒い。冬になると鮮やかな黄色に変わるのが特徴。

カイツブリ科
カイツブリ
●鳰 ●Little Grebe

キュッ

繁殖期には、頬から首にかけて赤褐色の大きな模様が出る

水中で自在に泳ぐ潜水の名人

全国で見られるが、本州以南では留鳥、東北地方や北海道など雪が積もる地域では漂鳥となる。平地の河川や湖、公園の池、人家の近くにも来る。繁殖期にはつがいとなって縄張りを持つ習性がある。

オスもメスも全体的に褐色だが、繁殖期には頬から首にかけて赤褐色の大きい模様が出る。尾羽は短くほぼ見えない。陸に上がることは少なく、営巣するときもほぼ水上で過ごす。水草や木の枝を使って水に浮いているかのような浮き巣を作る。潜水が得意で、採食の際にはヒレのある足を交互に動かして水中を泳ぎ、魚やエビを捕らえる。普段は小声で「キュッ」と鳴くが、オスとメスが大声で鳴き交わすこともある。

まめ知識
雛を背負って逃げる

浮き巣で約5個の卵を産む。雛は孵化した直後から泳げるが、親鳥の庇護が必要。ある程度大きくなるまでは親の背中に乗って過ごすことも多い。水上にいることが多いが、天敵のカラスやイタチなどが接近すると、雛を背負ったまま水中に潜って逃げる。

DATA 　全長 26cm 　分布 全国 　時期 一年中

バン

鷭　Common Moorhen

クルッ

くちばしは
鮮やかな赤色で、
先端が黄色い

水辺

くちばしの赤色と黄色が目立つ

北日本では夏鳥、南日本では留鳥として全国で観察できる。主に水田や湖沼、川などの水辺に近いところにすむ。特に草むらやヨシ原を好み、繁殖期には草を折って巣を作る。オスとメスは同じ羽色。背中は茶褐色、腹部は青みがかった色をしている。くちばしは鮮やかな赤色で、先端が黄色い。長くて丈夫な足と指の持ち主で、水草や水辺を素早く走り回る。一方、水かきがないため泳ぎは苦手でスピードも速くない。昆虫や貝、種子などを食べる雑食性。すみかとなる田畑の近くで、繁殖期になると「クルッ」という大きい鳴き声を上げる。その様子が田の番をしているかのように見え、バンと名付けられたという説もある。

まめ知識
用心深くすぐに隠れる

とても用心深い性格で、普段は草むらの中で暮らしている。物音や気配を敏感に察知し、すぐに隠れてしまうので観察するのが難しい。公園の池や人家の近い川にすんでいる個体は、人の手が届かないことを知っているのか、逃げずに平然としていることもある。雛は生まれて間もない頃から歩くことができる。

DATA　全長 33cm　分布 全国　時期 一年中

194

オオハクチョウ

●大白鳥 ■Wooper Swan

くちばしは黄色で、
鼻孔から先が黒い

水辺

翼を広げると2mにもなる

秋になるとシベリアから群れになって北海道や東北地方へ飛来する冬鳥。主に日本海側の湖沼や河川などで越冬することが多い。カモの仲間と一緒に過ごしていることもある。

全体的に白く、くちばしは黄色で鼻孔から先が黒いのが特徴。この種によく似たコハクチョウはくちばしが丸みを帯びているので見分けがつく。翼を広げると2mを超える大型の鳥。5月の繁殖期には羽ばたきながら雄大なディスプレイを行うことで知られる。

群れで規則正しく行動し、朝には採食場へ飛び立ち、夕方前には休息場へ戻ってくる。主に水草の葉や根を食べるが、田の落ち穂も採食する。「コホーコホー」と大きく鳴く。

まめ知識
首を背中にのせて休む

この種の特徴である長い首を自在に動かして、さまざまな水草を採取する。夕方前には食事を終え、休息場に戻ると首を背中にのせて丸まったような体勢で休む。

足を伸ばして立っていることもあれば、水面に浮かんだ状態のこともある。

DATA 　全長 140cm 　分布 北日本 　時期 10～4月

195

ヌートリア科 **外来種**

ヌートリア

沼狸 ● Nutria

水辺

小さい耳と白色の
長いヒゲを持つ

まめ知識

特定外来生物に指定された

本種は第二次世界大戦前頃から、毛皮をとるために世界中で飼育されるようになった。その後野生化して広まり、生息地が年々拡大。農作物への被害も広まって特定外来生物に指定された。

水辺に巣穴を掘って暮らす

南アメリカの生きものだが、日本で飼育されていた個体が放たれて野生化した。河川や湖沼の周辺で暮らし、堤防に巣穴を掘って定住する。日中は巣穴に隠れていることが多い。全体的に褐色でオレンジ色の大きな門歯を持つ。小さい耳と白色の長いヒゲ、ネズミのような尾が特徴。後

ろ足の水かきで泳いだり潜ったりする。オスとメスで違いはない。主につがいもしくは数頭の群れで生活している。一年を通して繁殖でき、一度に10匹を出産することもある。生まれた子は半年後には繁殖できるまでに成長するため、生息数が急激に増えている。ヨシやマコモなどの水生植物やヒシの実を好む。稲や野菜の食害が問題になっている。

| DATA | 頭胴長 65cm | 尾長 38cm | 分布 関西以南 | 時期 一年中 |

196

毛並みは光沢があり、
褐色や白色、黒色をしている

水辺

まめ知識
カワウソと見間違いもある
在来種のイタチと生息地が重なるため、生態系への影響が危惧されている。時々聞かれる絶滅したはずのニホンカワウソの目撃情報は、ミンクか在来種のイタチと見間違っている可能性が高い。

野生化して東日本で増えた

原産地は北アメリカで、毛皮をとるために北海道に輸入された個体が野生化した。現在は宮城県、福島県、群馬県、長野県でも確認された。河川や湖沼の近くにある木の根元や岩の下に複数の巣穴を作ってすんでいる。山地で見かけることは少ない。夜行性だが日中に泳ぐこともある。

野生の毛色は褐色の個体が多いが、白色や黒色もいる。毛並みは光沢がある。オスはメスよりかなり大きい。縄張り意識が強く、単独で生活を営むが、異性の行動範囲は重複することもある。繁殖期の春にはつがいになり、生まれた子はメスが秋頃まで育てる。

得意の泳ぎで魚を捕食する他、カニやエビ、ネズミ、鳥なども食べる。

DATA　頭胴長 45cm（オス）36cm（メス）　尾長 36cm（オス）30cm（メス）　分布 本州以南　時期 一年中

197

わたしたち、こんなに大きく成長しました

魚には、稚魚のときと成魚のときで姿がまったく違う種類がいます。いったいどんな変貌を遂げるのか、見てみましょう。

キンギョ

稚魚のときは、トレードマークの赤色や黒色をしておらず、地味な色味でまるでメダカに似た姿をしています。孵化してから2か月ほど経つと、徐々に赤色や白色の部分が増えて成魚と変わらない姿になります。

ヒラメ

生まれたときから成魚のように平たい姿をしているわけではありません。孵化した直後は他の魚と同じように、両側に目があります。体が成長するにつれて横に倒れた状態で泳ぐようになります。同時期に、右目が左目側に移動していき、成魚と同じような姿になるのです。

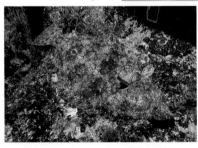

コブダイ

コブダイは、生まれたときはすべてメスという性質を持っています。成長すると、大きな体をしているメスがオスに性別を変えるのです。稚魚の頃はすべてメスなので、コブダイの象徴ともいえる大きなコブがありませんが、オスになるとコブが出てきます。

ハコフグ

稚魚のときは黄色地に黒色の斑点があります。ミナミハコフグの稚魚と姿が似ていますが、ミナミハコフグの黒い斑紋は目と同じくらいの大きさで、ハコフグの黒い斑紋は目よりも小さいので見分けられます。成魚になると白い斑紋が目立つようになります。

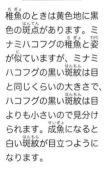

5章

海辺にいる生きもの

クロマツ

トベラ

ウミネコ

ハナマス

干潟、浜辺、磯、海の中などにもたくさんの生きものがいます。海辺の散歩や釣りで出会える生きものたちを見てみましょう。

マヒトデ

ホンヤドカリ

オカヒジキ

コメツキガニ

フナムシ

クロマツ

■黒松 ●Japanese Black Pine

葉はとても硬くて
チクチクしている

海辺

防風林や盆栽に用いられる

本州以南の海岸の砂浜に自生するマツ。古くから家屋や農地を風害から守るための防風林として植栽されてきた。盆栽や庭園にも用いられる。高さは10m以上になり、時には40mにも達する。樹皮が黒褐色なので「黒松」の名前がついた。亀甲状の裂け目があるのが特徴。濃緑色の針状の葉が2本ずつまとまり、長さは10～15cmになる。とても硬いので先端を触るとチクチクする。雌雄同株で春に新しい枝の下の方に多数の雄花をつけ、先端に赤紫色の雌花を数個つける。長さは5～6mmほど。松ぼっくりと呼ばれる実はゆっくり大きくなり、翌年の秋に熟して羽のついた種子を散布する。種子を風に乗せて散布する。

まめ知識

クロマツとアカマツは幹の色が違う

本種と分布や特徴がよく似ているのは「アカマツ」（P54）。樹皮が赤いことから「赤松」の名前がついた。クロマツは樹皮や枝ぶりがゴツゴツしていることか

ら「雄松」と呼ばれるのに対し、アカマツは枝ぶりや葉がやわらかいため「雌松」ともいう。クロマツからは、松脂がとれ、様々に利用されている。

DATA | 分布 本州以南 | 花期 4～5月

202

ヤツデ

○八手　◎Japanese Aralia

手のひらのような
大きな葉が生える

手のひらのような形が特徴

暖かい地域の海辺や海に近い林に生えている常緑低木。公園や家庭の庭に植えられていることも多い。日当たりの悪い森林内や道路沿いなど、さまざまな環境でよく育つ。

高さは2〜4m。根元から数本の茎が束になって伸びている。手のひらのような形をした大きい葉が特徴な

ので、「八手」という和名がつけられた。「テングノウチワ」という別名もある。葉の長さは20〜30cmだが、40cmまで成長することもある。光沢があり互生する。

晩秋になると、茎の先に直径5mmほどの小さな白色の花が集まって咲く。その後直径8mm前後の小さい実が集まって球体を作る。翌年の春に黒く熟す。

まめ知識

8つに分かれる葉は少ない

手のひらのような葉が、人やお金を家に招く縁起物として扱われることもある。「八手」と呼ばれるが、実際には奇数の7か9に分かれることが大半。名前のと

おり8つに分かれた葉は極めて少ない。葉は生け花によく使われる。

バラ科
ハマナス
浜茄子 ● Japanese Rose

大ぶりの
赤い花が咲く

果実は丸が少し平らに
なった形をしている

海辺

赤くておいしい果実がなる

太平洋側は関東以北、日本海側は山陰以北に分布する。特に北海道に多く自生している。寒い地域の砂浜に生える落葉低木。高さは1〜1.5m。枝が重なり合うように伸びる。枝には全体に褐色の柔らかい毛が密集し、1〜9mmのトゲが生える。葉は★羽状複葉で茎に互い違いにつく。

小葉は7〜9枚。長さ2〜4cmの楕円形で鋸歯がある。

夏に直径5〜8cmの鮮やかな赤い花が枝先に咲く。香りが強く観賞用にもなる。晩夏から秋にかけて直径3cm程度のやや平たい球形の赤い果実がなる。本種の果実が小さいナスに似ていることから、浜辺のナスの意味で「ハマナス」と命名されたといわれている。

まめ知識

北海道の花

北海道の海沿いによく咲いているので、「北海道の花」に指定されている。北海道に先住していたアイヌ民族は、ハマナスの実をそのまま食べたり茹でて魚油をつけて食べたりしたといわれている。また、ハマナスはビタミンCを大量に含んでいるため、アイヌ民族にとって貴重な栄養源となっていたという。

DATA （分布）北日本、東日本、山陰 （花期）6〜8月

204　★羽状複葉：鳥の羽のように軸の左右に小葉が並ぶ葉のこと。

トベラ科

トベラ

扉木 | Japanese Pittosporum

葉は反り返った形

黄緑の実が裂けて、ねばねばした赤い種が出てくる

ねばねばした独特の赤い種

海岸の日当たりのよい場所に自生する常緑低木。潮風や乾燥などの環境に強く、海浜公園で見かける他、街路樹として植えられることも多い。高さは2〜3m程度だが、環境によっては10mまで伸びることもある。幹の下部から枝がたくさん出る。先端には光沢のある葉が輪のように集まって互い違いにつく。葉は長さ5〜10cm、幅2〜3cmで裏側に反り返る。縁は全縁。枝と葉で全体的にこんもりとしたシルエットを作る。★雌雄異株。初夏に咲く花は、最初は白色だが徐々に黄色く変わっていく。晩秋には直径約2cmの黄緑色の果実をつけ、熟すとねばねばした粘液に覆われた赤色の種が露出する。

まめ知識

節分の魔除けに使われた

枝や葉を切ると臭いにおいを出す。特に根皮はにおいが強い。節分では魔除けに使われた。家の扉に下げられたので「トビラノキ」と呼ばれていたが、やがて「トベラ」になったとされる。魔除けにはヒイラギが使われることが多いが、海辺に近い地域では本種が重宝された。

DATA 　分布 本州以南 　花期 5〜6月

★雌雄異株：雌花と雄花を別々の個体につける植物のこと。

205

アブラナ科

ハマダイコン

● 浜大根 ● Japanese wild radish

外側に向かって
薄紫色が濃くなる

海辺

野菜の大根によく似ている

全国の海辺の砂浜で見かける1～2年草。海岸に近い草地にも生える。野菜の大根と似ているので、浜辺の大根を意味する名前がつけられた。高さ30～50cm程度。茎にはトゲのような毛が不規則に生えていて、素手で触ると痛い。根もとに生える葉は20cm程度で、鋭い鋸歯とトゲ状の細毛がある。根も大根とよく似て白色だが、本種は細くて小さい。花の大きさは直径2cmほどで花びらは4枚。付け根は白色で、花びらの外側に向かって薄紫色に変わるグラデーションになっている。秋には細長い袋状の果実をつけ、中には2～5個の種が入っている。秋に芽生え、葉を広げた*ロゼット状で越冬する。

まめ知識

自然界の大根の一種

野菜の大根が野生化したという説と、自然に生えていた大根の一種が広まったという説がある。根は硬くて細いうえ、辛みが強いので食用に適さないとされてきたが、特産品の野草としてハマダイコンを栽培する地域もある。

DATA （分布）全国 （花期）4～6月

★ロゼット状：地上に出ている茎が無いか極端に短く、葉が放射状に地中から直接出ている状態のこと。

茎が太いのが特徴

ウドのように高く伸びる

暖かい地域の海岸の岩場や、海に近い草地でよく見かける多年草。

高さは50cm〜2m。他の草に比べて茎が太く、木の幹のように高く伸びる。同じように茎が伸びる「ウド」にたとえられ、浜辺のウドを意味する名前がつけられた。茎に赤色の筋が薄く入っていて、上部から細い茎に分かれる。葉は肉厚で光沢がある濃緑色。小葉は長さが7〜10cm。縁は小さいギザギザがあり、先端が濃いピンク色になっている。

4〜6月には茎の先端に直径3mm程度の小さい白色の花が密集して咲く。その様子がまるで傘のような形に見えるのが特徴。夏に果実をつけ、冬に熟して5mm程度の種子をばらまく。

海辺

まめ知識
茎や葉でアシタバと区別

本種と似ている「アシタバ」はどちらも海岸に生えるうえ、混ざっていることも多い。アシタバは、切ると鮮やかな黄色い汁が出るが、ハマウドの汁は淡い黄白色をしているので見分けられる。ハマウドは、野草の一種としてまれに食用にすることもある。

ハマウド　アシタバ

DATA　　分布 関東以南　　花期 4〜6月

ハマヒルガオ

浜昼顔 ● Sea Bindweed

葉は腎臓のような形をしている

海辺

俳句に詠まれたピンク色の花

海岸の砂浜に生える多年草。浜辺をはうように、*つる性の茎が伸び、四方に広がって群生する。

茎の長さは1〜2mで、地下茎と共に茎まで砂に埋もれて葉のみが出ていることもある。葉は腎臓のような形をしていて、長さが2〜3cm、幅が3〜5cm。厚く艶のある葉は、直射日光のあたる砂浜で植物体内の水分の蒸発を抑える役割がある。

初夏には直径5cm前後の漏斗形の花が咲く。可憐なピンク色の花は、小林一茶などの著名な俳人にも詠まれている。

「アサガオ」が朝に咲いて昼にしぼむのに対し、本種は昼も咲き続ける「ヒルガオ」の仲間。直径1.5cmの実がなる。

まめ知識

「ヒルガオ」とは葉が違う

都市部でよく見かける「ヒルガオ」に花は似ているが、ヒルガオは葉が約10cmと大きく、矛の形をしているのが大きな違い。本種は国内の海辺でよく見かけるが、地域によっては砂浜の減少によって生息地が減っている。植栽イベントを開き、生育に努めている自治体もある。

ヒルガオ　ハマヒルガオ

DATA　分布 全国　花期 5〜6月

★つる性：他の草木や物体を支えにして茎を伸ばす植物のこと。

ヒユ科
オカヒジキ
○陸鹿尾菜 ○Japanese Saltwort

葉の先には
鋭いトゲがある

海辺に生えるヒジキに似た植物

全国の砂浜や砂礫地に生える一年草。日当たりのよい場所を好む。海藻のヒジキに似ているのでこの名前がつけられた。「クサヒジキ」とも呼ばれる。海藻の「ミル」にも似ているので、「ミルナ」「オカミル」ともいわれることがある。

高さ10〜40cm。根元からたくさん茎を出して、横に広がりながら群生する。茎は太くなると幹のように硬くなり、赤色の縦縞がはっきり出る。多肉質の葉は長さ1〜3cmの円柱形で、先端に鋭いトゲがある。雄しべが5個あり、それが黄色い花のように見えるが、実際の花は薄緑色で目立たない。

秋には1mm以下の種が入った果実がつく。

まめ知識
さまざまな料理に使われる

自然界に生息するオカヒジキは減っているが、食材としての栽培は引き続き行われている。害虫がつきにくく、特に東北地方ではオカヒジキは古くから食用にさ れてきた。炒め物、酢の物、おひたしの他、生のままサラダとして食べるとシャキシャキした歯ごたえを楽しむこともできる。

DATA | 分布 全国 | 花期 7〜10月

ハマユウ

● 浜木綿　　Giant Crinum Lily

ヒガンバナに似た
白い花が咲く

海辺

ヒガンバナのように華やか

暖かい地域の関東以南の浜辺で見られる多年草。日当たりのよい場所を好む。海浜公園や都市部の緑道などに植えられていることもある。

まっすぐな茎を伸ばすがこれは茎ではなく、葉の付け根が筒状に重なったもので、偽茎と呼ばれる。根元には球根があり、帯状の長く幅が広い葉が斜めに生える。環境がよければ、長さが50cmを超えることも。7～9月頃に葉の中央から太い花茎が伸び、香りのよい白い花を咲かせる。花は十数個が集まり、「シロバナヒガンバナ」に似た細長く反り返ったような形。開花は夕方から始まり、深夜に満開になるのが特徴。秋には果実が裂けて種子が浜辺に落ち、波にさらわれて遠くまで運ばれる。

まめ知識
「万年青」にちなんだ別名

白色の花が神事のときに使う木綿に似ていることから、浜辺の木綿を意味する「ハマユウ」の名前がついた。また、ハマユウの冬でも枯れない葉が、一年中青々とした葉を広げる園芸植物の「万年青」に似ているので、浜辺の万年青を意味する「ハマオモト」という別名で呼ばれることもある。

DATA　　分布 関東以南　　花期 7～9月

甲羅は赤褐色をしている

海辺

まめ知識
産卵中は静かに見守る

成長した本種を観察できるのは産卵のとき。警戒するので、物音を立てず、産卵が始まった後に静かに近づいて観察する。明るい方に向かう習性があるので懐中電灯で照らすのは控える。

赤褐色の甲羅と大きい頭が特徴

太平洋、大西洋、インド洋に幅広く分布する最大級のウミガメ。日本では繁殖期にあたる5～8月になると、メスが日本各地の海岸に上陸して産卵する。
甲羅が赤褐色なのでアカウミガメと名付けられた。腹側はオレンジ色。
英名のLoggerheadは、大きな頭という意味。成長したメスは自分が孵化した地域の沿岸部に上陸し、深さ50cm程度の穴を掘って100個前後の卵を産む。60～80日後の夜、孵化した幼体は一斉に海に入り、回遊しながら成長する。
肉食性の強い雑食でエビ、カニや貝などを食べるが、海藻を採食することもある。アゴの力が強いので貝を割ることもできる。

DATA　甲長 69～103cm　分布 本州以南　時期 5～8月

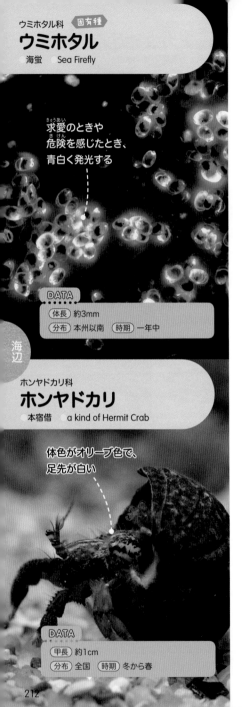

ウミホタル科 固有種
ウミホタル
海蛍　Sea Firefly

求愛のときや
危険を感じたとき、
青白く発光する

DATA
- 体長　約3mm
- 分布　本州以南　時期　一年中

海辺

ホンヤドカリ科
ホンヤドカリ
本宿借　a kind of Hermit Crab

体色がオリーブ色で、
足先が白い

DATA
- 甲長　約1cm
- 分布　全国　時期　冬から春

海中で青白く光るホタル

青森県以南の太平洋沿岸部に生息する日本固有種。春から秋にかけて観察できる。日中は砂に隠れていて、夜になると活動を始める。メスはオスよりひと回り大きい。求愛のときや危険を感じたときに青白く発光する。その姿は名前のとおりホタルのように見える。主に死んだ生物を食べる。

まめ知識
乾燥させても発光する
本種は採取して乾燥させた後、水分を加えても発光する。ただしむやみに採取するのは控える。

岩礁でよく見かけるヤドカリ

全国の外洋に面した岩礁のある海岸にすんでいる。海辺では最もよく見られるヤドカリだが、砂浜にはほぼいない。オスはメスよりひと回り大きい。体色はどちらも全体的にオリーブ色で足先が白い。繁殖期には卵を持ったメスをオスが抱え込むように守りながら移動する。雑食で海藻や死んだ生物を採食する。

まめ知識
巻貝を背負っている
空になった巻貝の中に入り背負うように暮らす。危険を察知すると引っ込んでハサミでふたをする。

褐色の甲と白い腹部が目印

全国の磯で見かけるカニ。特に岩場や消波ブロックの隙間を好む。四角くて平たい形の甲を持つ。全体的に褐色と紫色の斑模様だが腹部は白い。ハサミには紫色の斑紋、足には濃い縞模様がある。成熟したオスはハサミの付け根に袋がついているの。繁殖期の4～8月には、腹部に卵を抱えたメスが見られる。

まめ知識
天敵はカラスやクロダイ
雑食性で海藻や貝などを食べる。天敵はカラスやクロダイで釣り餌に使われることもある。

モクズガニ科
イソガニ
●磯蟹 ●Japanese Shore Crab

ハサミは紫色の斑紋を持つ

DATA
甲幅 約3cm
分布 全国　時期 一年中

海辺

甲に細かいしわがあるカニ

北海道南部以南の磯に生息する。甲は逆台形に近く横線が入り、しわがあり、足に毛が生えているのが特徴。黒色で全体的に黄緑色の斑紋がある。波打ち際より岩の上などにいることが多く、素早い動作で主にフナムシや小魚を捕まえて食べる。味噌汁や釣り餌として活用されることもある。

まめ知識
別名は「アブラガニ」
甲に油を塗ったような光沢があるので、「アブラガニ」という別名で呼ばれることもある。

イワガニ科
イワガニ
岩蟹　Lined Shore Crab

甲に細かいしわがある

DATA
甲幅 約4cm
分布 全国　時期 春・夏

ベンケイガニ科
アカテガニ
赤手蟹 Red-clawed Crab

鮮やかな赤色の
ハサミを持つ

DATA
(甲幅) 約4cm
(分布) 東北以南 (時期) 一年中

海辺

赤いハサミがトレードマーク

東北以南の海岸や河口にすむ。半陸生なので生息地が広く、海辺から離れた川の上流や湿地にいることもある。鮮やかな赤いハサミと暗青緑色の甲が特徴。背甲の中央に微笑みのような赤い線がある。色には個体差があり、甲まで赤みがかっているものもいる。繁殖期にはメスが卵を腹部に抱えて1カ月ほど守る。

まめ知識
大潮の夜に幼生を放す
大潮の夜になるとメスが海岸や河口に集まり、体を震わせて孵化した幼生を一斉に海中へ放す。

ショウジンガニ科
ショウジンガニ
精進蟹 Front-clefted Shore Crab

濃い赤褐色の甲には
フェルト状の短い毛が生えている

DATA
(甲幅) 5〜6cm
(分布) 東北以南 (時期) 一年中

甲の毛が鱗のように見える

東北地方以南の水深20m程度の岩礁域にいることが多い。濃い赤褐色の甲にはフェルト状の短い毛が生えているので鱗のように見える。甲と足にノコギリのようなトゲがあり、ハサミは左右が同じ大きさで小さなつぶがある。雑食で海藻や小動物などを好む。夏にはメスが腹部に卵を抱える。

まめ知識
味噌汁の具になる
身は少ないがおいしい出汁がよく出ることで知られる。主に味噌汁の具として食用になる。

巣穴の周りに団子を積む

全国の干潟に 10 〜 20cmの穴を掘ってすんでいて、潮が引くと姿を現す。全体的に褐色だが足は甲よりも色が薄く、ハサミの先端は赤みがかっているものが多い。目が甲から飛び出ていて足には細かい毛が生えている。砂や泥の有機物のみを摂り、残りは団子のように丸めて巣穴の周りに置く。

スナガニ科
コメツキガニ
米搗蟹　Sand Bubbler Crab

ハサミの先端は
赤みがかっている

DATA
甲幅 約1cm
分布 全国　時期 一年中

海辺

オスは片方のハサミが大きい

静岡県以南の干潟に生息している。オスは片方のハサミが甲幅よりも大きくなるが、メスはどちらも小さい。ハサミを上下に振るウェイビングという動作でメスに求愛する様子が、潮を招いているように見えるのでこの名前が付けられた。英名のFiddlerはバイオリン弾きを意味する。

スナガニ科
シオマネキ
潮招　Fiddler Crab

オスの片方のハサミは
甲幅よりも大きい

DATA
甲幅 約3cm
分布 静岡県以南　時期 一年中

215

テッポウエビ科
テッポウエビ
●鉄砲海老 ●Pistol Shrimp

片方のハサミが
大きい

DATA

| 体長 | 約6cm |
| 分布 | 全国 | 時期 | 一年中 |

海辺

シャコ科
シャコ
●蝦蛄 ●Mantis Shrimp

捕脚は
鎌のような形

DATA

| 体長 | 約15cm |
| 分布 | 全国 | 時期 | 春・夏 |

ハサミから衝撃波を出す

全国の干潟や潮間帯の砂浜で見かける。オスメスともに全体的に褐色。巣穴を掘ってつがいですみ、さらにハゼとも共同で使う。片方の大きいハサミを閉じる際に、パチンという音と衝撃波を発生させる。その様子が鉄砲（ピストル）のように見えるのでこの名前に。威嚇や小形のエビを捕食するときに使う。

> **まめ知識**
> ### ハゼが巣穴の見張り役
> ハゼは巣穴の周りで見張りをし、外敵の接近に気づいたら巣に逃げ込んで危険を知らせる。

鎌のような捕脚で捕食する

全国の海辺で最もよく見かけるシャコ。全体的に褐色で甲が平たい。砂浜にU字形の巣穴を掘り、春から夏にかけての繁殖期にメスは腹部に卵を抱え、孵化するまで守る。エビに似ているが、鎌のような捕脚を持つ。肉食性で主にエビやカニ、小魚を捕食。捕脚で叩きつけて貝を割って食べることもある。

> **まめ知識**
> ### 捕脚でガラスを割る
> トゲのある捕脚はカマキリの鎌に似ている。打撃も強力で、ガラスの水槽を叩き割ることもあるそう。

潮干狩りでよく採れる貝

全国の砂浜で見かけるポピュラーな二枚貝。足を伸ばして砂地に潜っているが、あさればすぐにたくさん採れるので、「アサリ」と命名された。潮干狩りでもよく取れる。貝殻の色は白色青色、黒色などさまざま。模様も無地、折れ線、放射状など多岐にわたる。左右で色も模様も異なることも珍しくない。

マルスダレガイ科
アサリ
● 浅蜊　■ Japanese Littleneck Clam

貝殻の色は
白、青、黒とさまざま

DATA
(殻長) 約4cm
(分布) 全国　(時期) 一年中

海辺

色形がクリに似ている

北海道から九州の潮間帯下部や水深12m程度の内湾の砂泥底に生息する貝。黄褐色で形もクリに似ていることから、ハマグリという名前になった。ただし色や模様には個体差がある。水質のきれいな海辺を好み、環境が好ましくないと粘液を出して潮の流れに乗って逃げる。干潟が少なくなって生息数も減少。

マルスダレガイ科
ハマグリ
● 蛤　■ Common Orient Clam

貝殻は黄褐色で
クリに形が似ている

DATA
(殻長) 約9cm
(分布) 全国　(時期) 一年中

サザエ
栄螺 Horned Turban

螺旋状に巻いた
こぶしのような形を
している

海辺

こぶしのような形の貝殻

北海道南部から九州まで、ほぼ全国の潮間帯から水深20〜30mの岩礁に広く生息している。温暖な海域の方がよく見かける。夜行性なので夕暮れ以降の方が観察しやすい。
螺旋状に巻いたこぶしのような形の貝殻が特徴で、波の荒い場所にすむものは貝殻についたトゲが発達しているが、静かな海にすむものにはトゲがないことが多い。緑がかった褐色の殻を持つものが多いが、藻類などが付着して色がわかりづらい。また、採食する海藻の種類によって黄色などに変わることもある。
繁殖期の夏になると、メスが海中に産卵してオスが卵に放精することで受精卵を作る。
日本では代表的な食用の貝。

まめ知識

石灰質の頑丈なフタ

貝殻の入り口を石灰質で厚みのあるふたで守っている。表面に小さな突起があってざらざらした感触。フタは中心から反時計回りにうずを巻くように形成されている。生の状態でフタを開けて取り出すのは大変だが、専用の器具が販売されている。つぼ焼きなど加熱すると簡単。

DATA 殻高 8〜12cm 分布 全国 時期 一年中

218

ムラサキウニ

紫海胆 ● Japanese Purple Sea Urchin

放射状にトゲが
生えている

放射状にトゲが生えている

青森県以南の日本海側、茨城県以南の太平洋側の本州の沿岸でよく見かけるウニ。波が引いたときに現れる潮干帯から、水深50m程度までが主な生息地となる。普段は岩礁の隙間や石の下などに隠れていることが多い。野生下での天敵はヒトデ。体色は名前のとおり暗めの紫色。

外見からオスとメスは判別できない。他のウニと同じく、球状の硬い殻から放射状にトゲが生えている。上部に肛門、下部に口がある。口は「アリストテレスのランタン」と呼ばれ、5本の歯が生えている。体内にある臓器は消化器と生殖器で、心臓や肺がない。トゲの間にある足で移動し、岩についた有機物や海藻を歯で削り取って食べる。

海辺

まめ知識

日本は世界一のウニ好き

生きているウニは漢字で「海胆」だが、寿司などの食用になると「雲丹」に変わる。食用になるオレンジ色の部分は生殖器で、味や色はオスとメスでほぼ変わらない。食用になるウニは本種の他、バフンウニ、アカウニ、シラヒゲウニなど。日本は世界で最もウニを食べている。

DATA 〔殻径〕約6cm 〔分布〕本州 〔時期〕一年中

マヒトデ科
マヒトデ
真海星 ○Common Starfish

体色が黄色い
個体が多い

DATA
腕長 約15cm
分布 全国 時期 一年中

海辺

イトマキヒトデ科
イトマキヒトデ
糸巻海星 ○Blue Bat Star

青みがかった灰色の体色に
オレンジ色の斑紋がある

DATA
腕長 約6cm
分布 全国 時期 一年中

よく見かけるヒトデ

全国の浅瀬や岩礁などで最もよく見かけるヒトデの一種。名前の由来は、放射状に伸びた5本の腕が人の手のように見えることから。体色が黄色い個体が多いのでキヒトデとも呼ばれるが、実際は青色などさまざま。中央にある口から胃を出してアサリなどの貝を包み込み、溶かしてから吸収する。

まめ知識
再生能力がある
ヒトデは腕が切れても再生する。オスとメスで繁殖する他、分裂も可能な変わった生きもの。

丸みを帯びたヒトデ

全国の岩礁や潮間帯から、水深数百mの海底まで幅広く生息する。他のヒトデより腕のつけ根が浅く、糸巻きに似ている形が特徴。体色は青みがかった灰色にオレンジ色の斑紋。肉食性で貝を好んで食べる他、死んだ魚やカニも採食。体内に毒を蓄えて身を守っている。大発生して漁場を荒らすこともある。

まめ知識
腕の数が5本とは限らない
腕が切れたり分裂して増えたりする際に腕が増減することがあり、必ずしも5本とは限らない。

フナムシ科
フナムシ
● 船虫 ●Wharf Roach

平たい体に
7対の足が生えている

岩の上を素早く動き回る

世界中の暖かい地域の海岸にすみ、日本では主に本州以南に生息している。海岸の岩場や防波堤の他、海に近い人家や草むらまで移動することもある。陸生の生きものだが、エラ呼吸なのでときおり海辺で体を湿らせる。海中で過ごすことはない。体色は黒褐色が多いが、左右が淡い黄褐色をしていることも。斑紋などの模様がある個体もいる。平たい体に7対の足が生え、長い触覚と大きい目を持つ。石の上や隙間を素早く動き回る。繁殖期の夏にはメスが腹部で卵を抱え、成長するまで守る。集団で行動することが多く、朝と夕方に一斉に活動を始め、海藻や死んだ魚などを食べる。クロダイなどの釣りの餌にもよく用いられる。

まめ知識
昆虫ではなく甲殻類

船虫と名付けられているが、昆虫ではなく、ワラジムシ、ダンゴムシ、ダイオウグソクムシの仲間で甲殻類に分類される。外見や素早い動作から「海のゴキブリ」

とも呼ばれて嫌われがちだが、実は海辺の掃除をする有益な生きもの。

DATA　（体長）約4cm　（分布）本州以南　（時期）一年中

マダコ科
マダコ
真蛸 ● Common Octopus

頭のように見える
部分が胴体

海辺

体色や姿形を変えて擬態する

三陸以南の沿岸でよく見かける。潮間帯から水深40mの海中まで、広い場所に生息する。日中は岩陰に隠れ、夕暮れになってから活動を始める。泳ぎが上手ではないので、海底を歩いて移動することが多い。
8本の発達した腕には吸盤があり、獲物のカニや貝などを捕まえたり運んだりする。オスは交配用の腕がある。メスの方が体はやや大きい。頭のように見える部分が胴体で、脳や心臓、消化器がある。体色は赤褐色だが、全身に色細胞があるので周囲に合わせて色や模様を変えられる。危険を察知すると姿形もあっという間に変え、岩や別の生きものに擬態する。縄張り意識が強く、餌が豊富で隠れやすい場所を巡って争う。

まめ知識

子ダコが生まれるまで守る

繁殖期の春、生涯で1度の交配のため、オス同士がメスを巡って激しく戦う。交配後にオスは死んでしまうが、メスは岩陰に産卵した後、孵化するまで1カ月ほど絶食状態で守る。卵についたゴミを取り除いたりして世話をし、子ダコが生まれる頃に寿命が尽きる。

DATA　全長 60cm　分布 本州以南　時期 一年中

ヤリイカ

槍烏賊 Spear Squid

体色は透明感のある
白色をしている

海辺

槍のように尖ったヒレが特徴

日本列島周辺の水深100m以上の海底に近いところを回遊している。繁殖期の冬から春にかけて全国の沿岸部にやって来るので観察できる。岸釣りが可能な地域もある。

名前のとおり槍のように細長い胴と、先端が尖った三角状のヒレを持つ。メスよりオスの方が大きいので判別できる。体色は透明感のある白色だが、警戒すると暗褐色になる。また、全身にある色細胞で環境に合わせて色や模様を変えて擬態することもできる。肉食性で主に魚やエビなどを貪欲に捕食する。

メスは10cmほどの白い袋に入った卵を抱え、産卵に適した浅瀬の砂地に固定する。オスもメスも寿命は1年で繁殖を終えると死んでしまう。

まめ知識
8本の腕と2本の触腕を持つ

イカの腕は10本といわれるが、正確にはタコと同じ8本。残りの2本は触腕。これは獲物を捕らえるために伸び縮みする腕で、先端の内側には爪のある吸盤がついている。獲物に巻きつけて捕らえ、素早く抱え込むようにして口に運ぶ。本種の触腕は短いため、餌には小魚を好むことが多い。

DATA 　外套長 40cm 　分布 全国 　時期 冬〜春

スズキ科
スズキ
鱸 ● Japanese Sea Bass

頑丈な骨格で
ガタイが良い

海辺

エラブタやヒレが鋭いので注意

全国の沿岸部にすんでいる。成長に応じて移動するが、主に内湾や河口部など水深が浅い場所で見かけることが多い。川魚を追いかけて淡水の河川に入ることもある。日中も活動するが、夜間の方が比較的活発。背側が灰青色で腹側が銀白色。若い時期には背側に黒い斑点がある。

頑丈な骨格と発達した筋肉を持ち、大きなヒレで海中を自在に泳ぐ。エラブタが刃物のようになっていて、釣り糸を切ってしまうほど鋭い。背ビレ、腹ビレ、尻ビレにもトゲがある。あごが発達した大きな口でゴカイ、エビ、イカなどを飲み込む。成長して体長が60cmを超えるくらいになると魚を主食とするようになる。

まめ知識
成長で名前が変わる出世魚

大きさによって名前が変わる「出世魚」の代表格。体長が5cm前後の頃はヒカリゴ、30cm程度ならセイゴ、40cmを超えるとフッコ、60cmを超えるとスズキとなる。他にも地域によってハネなどの呼び名がある。卵を抱えたメスはハラブトともいわれる。ブリやボラも大きさによって名前が変わる出世魚。

DATA 〔全長〕1m 〔分布〕全国（九州の一部を除く） 〔時期〕一年中

長生きする海の高級魚

水深30～200mの岩礁がある場所の海底付近にすむ。2～8月には産卵のために浅い場所へ来る。1匹で数百万個の卵を産むが、生き延びるのはわずか。成長すれば寿命は15～20年。体色は紫褐色を帯びた淡紅色で、尾ビレに黒色の縁取りがある。頑丈な臼歯とアゴで貝や甲殻類を噛み砕く。

> **まめ知識**
> **めでたい祝いの席に必須**
> 上品な旨味のある高級食材。赤みのある色と「めでたい」の語呂合わせで祝いの席には必須の魚。

タイ科
マダイ
● 真鯛 ● Red Seabream

体は紫褐色を帯びた淡紅色

DATA
全長	80cm		
分布	全国	時期	一年中

海辺

成長するとメスに変わる

全国の沿岸や内湾にすみ、タイの仲間の中では珍しく水深1m未満の浅い場所にも生息する。全体的に黒色を帯びていて、背側が銀灰色、腹側は白色。丸みのある体型とマダイよりも突き出た口を持つ。幼魚の頃は卵巣を精巣で包んでいるのでオスだが、成長すると多くがメスに変わる。主に貝や甲殻類を食べる。

> **まめ知識**
> **チヌという別名がある**
> マダイに似た味で人気だが、磯のにおいがやや強い。名前が変わる出世魚。地域によってチヌともいう。

タイ科
クロダイ
● 黒鯛 ● Japanese Black Porgy

全体的に黒色を帯びている

DATA
全長	45cm		
分布	全国	時期	一年中

イシダイ科
イシダイ
石鯛　Striped Beakfish

体に7本の横縞が
入っている

若いほど7本の縞模様が鮮やか

水深が浅くて岩礁がある場所にすんでいる。稚魚や幼魚は好奇心が強く、人が近づいても逃げない。海水浴場に現れて人をつつくこともあるほど。体色は青みがかった銀白色に7本の黒色の横縞が入る。若いほど縞がはっきりしていて、歳をとるとぼやける。くちばしのように頑丈な歯を持つ。

> **まめ知識**
> **クチグロという別名がある**
> オスは歳をとると横縞がなくなり、口の周りが黒くなるので「クチグロ」とも呼ばれる。

DATA
全長 50cm　分布 全国　時期 一年中

海辺

サバ科
サワラ
鰆　Japanese Spanish mackerel

背側が鉛色で
腹側が白色

サゴシやヤナギの別名がある

沿岸の表層を群れで回遊し、寒い時期になると沖合の深い場所へ移動する。背側が鉛色で腹側が白色。体には暗色の斑点が並んでいる。成長に伴って名前が変わる出世魚。関西では40cmならサゴシ、50cmを超えるとヤナギ、60cm以上でサワラと呼ばれる。稚魚の頃から鋭い歯を持ち、小魚を捕食する。

> **まめ知識**
> **名前のとおり春が旬**
> 関西では和名の鰆のとおり春が旬。鮮度が落ちるのが早いため、西京漬けなど加工品が店先に並ぶ。

DATA
全長 1m　分布 全国　時期 一年中

サバ科
マサバ
真鯖　Chub Mackerel

体に黒色の
波模様がある

季節によって全国を回遊する

全国の海にすむ大群を作る魚。寒い時期には南へ、暖かい時期には北へ移動するサイクルで回遊している群れが多い。体の背側が緑青色で黒色の波模様があり、腹側は銀白色。体の中央が太く口と尾に向かって細くなる紡錘形。一回の産卵で数十万個の卵を産むが、育つものは少ない。

> **まめ知識**
> **鮮度がすぐ落ちてしまう**
> 「サバの生き腐れ」とまで言われるほどとても傷みが早く、シメサバにされることが多い。

DATA
全長	60cm		
分布	全国	時期	一年中

海辺

アジ科
マアジ
真鯵　Japanese Jack Mackerel

一万匹を超える
大群になる

すむ場所によって色形が違う

1万匹を超える大群を作り、沖合をピラミッドのような隊形で泳いでいる。中には沿岸の近くにすむ群れもいる。すむ場所によって体型や体色が異なる。沖合のものは体が細長く、背側が暗緑色、腹側が銀白色。沿岸のものは体高があり、全体的に黄色がかっている。小魚や甲殻類を捕食する。

> **まめ知識**
> **ぜいごという鱗がある**
> 明け方と夕方に活発になる。釣りにも適している。尾ビレの前にあるぜいごというトゲ状の鱗に注意。

DATA
全長	40cm		
分布	全国	時期	一年中

カタクチイワシ

● 片口鰯 ● Japanese Anchovy

鱗は円形で
はがれやすい

海辺

日本で漁獲量がベスト5

日本各地の沿岸から沖合にかけて生息する。海面に近いところで大群を作って回遊し、身を守るために密集して同じ方向へ泳ぐ。国内では漁獲量が多い魚の一種で、食用に重宝されている。カツオやカモメ、クジラなどのさまざまな生きものの主要な餌となる。

体色は背側が暗青色で腹側が銀白色。円形ではがれやすい鱗に覆われている。下アゴがとても小さく、上あごしかないように見えるため、片口鰯という名前がついた。繁殖期は地域により変化し、南方では春と秋、北方では夏という傾向がある。口を開けたまま泳いで海水ごと動物性や植物性プランクトンを飲み込み、口内でろ過する。

まめ知識

煮干しやしらすの原料

本種は全国の地引き網漁の主要な魚で、毎年30〜50万tが獲れる。干物として加工されることが多く、煮干し、めざし、たたみいわしなどの原料となる。鮮度が良い場合は刺身にできることも。幼魚は6万tほどが獲れ、しらすやちりめんじゃこになる。

DATA 〔全長〕15cm 〔分布〕全国 〔時期〕一年中

228

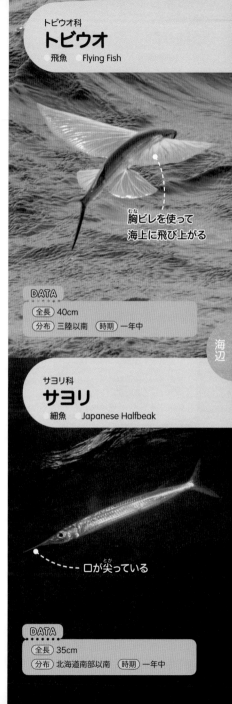

胸ビレを広げて海上を飛ぶ

三陸以南の沿岸部に生息する。尾ビレで水をかいて海上に飛び出し、翼のように発達した胸ビレを水平に広げて飛ぶ。これが「飛魚」という名前の由来になった。尾ビレが二股に分かれ、海上に出やすいよう下側が長い。体色は背側が濃い銀青色、腹側が銀白色。主に動物性プランクトンを採食する。

まめ知識
300m以上も飛び続ける
海上に飛び出すスピードは時速70kmにも達し、最長で300m以上飛び続けることが可能な魚。

口が尖っている細身の魚

沿岸部の海面に近いところで群れを作って暮らしている。口が尖っていて全体的に細いので「細魚」呼ばれる。下アゴが長く突き出しているのが特徴。体色は背側が青緑色で腹側が銀色。天敵のスズキなどに追われると海上にジャンプして逃げる。動物性プランクトンや藻類を採食する。

まめ知識
成長すると下アゴが伸びる
4～8月の繁殖期に海藻が多い場所に群れて産卵する。稚魚は17mmを超えると下あごが伸び始める。

トビウオ科
トビウオ
飛魚　Flying Fish

胸ビレを使って海上に飛び上がる

DATA
全長	40cm
分布 三陸以南	時期 一年中

海辺

サヨリ科
サヨリ
細魚　Japanese Halfbeak

口が尖っている

DATA
全長	35cm
分布 北海道南部以南	時期 一年中

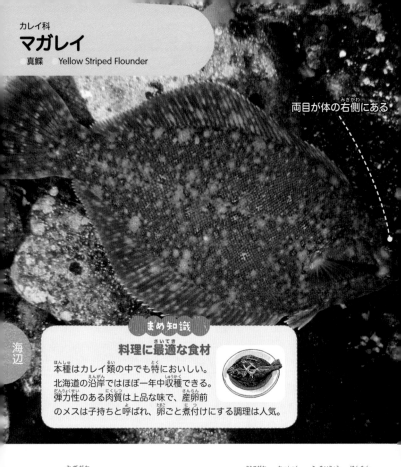

カレイ科
マガレイ
真鰈 Yellow Striped Flounder

両目が体の右側にある

海辺

まめ知識
料理に最適な食材

本種はカレイ類の中でも特においしい。北海道の沿岸ではほぼ一年中収穫できる。弾力性のある肉質は上品な味で、産卵前のメスは子持ちと呼ばれ、卵ごと煮付けにする調理は人気。

体の右側に両目がついている

ほぼ全国の沿岸に分布するが、北日本の方がよく見られる。水深150mよりも浅い場所にいることが多く、普段は砂泥底に潜って隠れている。海底にすむのに適した扁平な体つきで、両目が体の右側について表となり、目がない方が裏となっているのが特徴。楕円形で側線が湾曲している

る。表側が褐色で不明瞭な斑紋がある。裏側は全体的に白色だが尾の付け根が黄色い。外見ではオスとメスの判別が難しい。繁殖期は北陸地方では2月頃から始まり、7月頃まで続く。この時期には沿岸から近い場所に来て産卵する。
肉食性で海底にすむカニやエビ、ゴカイなどを食べる。大きく成長した個体は小魚を捕食することもある。

DATA （全長）40cm （分布）北海道・東北から九州の日本海側・東北地方の太平洋側 （時期）一年中

ヒラメ

● 鮃 ●Olive Halibut

両目が体の左側にある

大きい口と
鋭い歯がある

海辺

まめ知識

カレイとの違いは目や口

本種とカレイは昔から国内で獲れたが、よく似ているので江戸時代の頃には区別されていなかった。大きな違いは目の位置と体の色を変えられること。小魚を捕食する本種は大きい口と鋭い歯を持ち、俊敏に泳げる。

体の色を変えられる平たい魚

沿岸の水深10〜200mの海域にいて、砂泥底のある海底に潜んでいる。繁殖期の春になると岸に近い水深10m程度の浅瀬まで寄ってくる。カレイに似て扁平な体つきの魚だが、ヒラメの両目は左側についている。全体的に灰褐色で黒褐色や白色の斑紋がある。目がない方の裏側は白色。普段は体色を周りの海底と同じ色に変えて砂の中に隠れ、頭だけ出している。外見ではオスよりメスの方がかなり早く成長し、ときには1mまで大きくなることも珍しくない。

日中はほぼ動かず、夜間になると活動を始め、カタクチイワシなどの小魚を狙う。小魚の群れを追いかけて海底から離れて泳ぐこともある。

DATA （全長）70cm （分布）全国 （時期）一年中

メバル科
メバル
目張 ●Japanese Rockfish

目が大きい

海辺

体色によって3種に分かれる

海岸の近くで見かけ、岩礁がある場所に群れを作って生息している。特にアカメバルは海藻がたくさん生えているところを好む。

メバルは主に体色によって3種に分かれる。全体的に淡い黒褐色で黒色の不明瞭な縦縞があればシロメバル、全体的に濃い黒褐色がクロメバル、赤みがかっていればアカメバルとなる。胸ビレの★軟条の数にも違いがあり、順に17本、16本、15本である。いずれも目が大きく、「目張」という和名の由来になっている。視力がとても良く、海水が澄んでいるときは釣りを見抜かれ、逃げられてしまうことも。食欲旺盛で主に小魚を捕食する。その他、小魚や甲殻類、ゴカイ類を食べることもある。

まめ知識

わずかな毒を持っている個体も

メバルが3種に分けられ、体色などに違いはあるものの、生態には共通することも多い。たとえば岩礁に沿って立ち泳ぎをする、繁殖期は冬にはメスが卵ではなく数万匹の仔魚を生むなど。エラブタや背ビレのトゲにわずかな毒がある個体もいるので注意。

DATA　全長 25cm　分布 北海道南部以南　時期 一年中

232　★軟条：魚のヒレにある軟らかい筋のこと。

深い場所では赤みが強くなる

陸地に近い岩場から水深50m
の岩礁にかけて生息する。日中
は消波ブロックや岩の隙間など
に隠れていることが多い。体色
は赤色をベースに不規則な白色
や褐色の斑紋がある。深い場所
にすんでいる個体の方が赤みが
強い傾向にある。夕方以降に活
動を始め、大きい口で小魚や甲
殻類を捕食する。

まめ知識
数万匹の稚魚を産む
繁殖期は冬から春。メスは胎内で
卵を孵化させ、数回に分けて3〜
4万匹の稚魚を産む。

フサカサゴ科
カサゴ
笠子　Marbled Rockfish

体色は赤色がベース

DATA
（全長）25cm
（分布）全国　（時期）一年中

海辺

太刀のように見える魚

日中は沿岸の浅い場所にいて、
ときには河口部の近くで見かけ
ることもある。成魚は夜間に水
深400m程度の沖合へ移動し、
日中は表層へ移動する。全体的
に銀色で、幅の狭い平たい体型
がまるで太刀のように見える。
さらに立ち泳ぎもするのでタチ
ウオの名前がついた。若魚の時
はエビ類などを食べる。

まめ知識
牙のような鋭い歯を持つ
非常に鋭い歯の持ち主。特に上あ
ごにはまるで牙のような歯が生え
ている。素手で触るのは危険。

タチウオ科
タチウオ
太刀魚　Largehead Hairtail

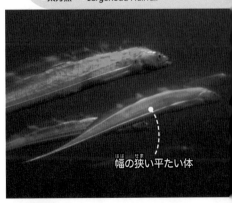

幅の狭い平たい体

DATA
（全長）1.5m
（分布）全国　（時期）一年中

ボラ科
ボラ
● 鯔 ●Flathead Grey Mullet

目にまぶたのような膜がある

DATA
全長	80cm
分布	全国	時期	一年中

海辺

カワハギ科
カワハギ
●皮剥 ●Threadsail Filefish

おちょぼ口がトレードマーク

DATA
全長	25cm
分布	本州以南	時期	一年中

産卵のために川と海を行き来

全国で見られるが、暖かい海域を好む。内湾や河口で群れを作って暮らし、10月から1月の産卵のときには外洋に出る。塩分濃度の変化に強いので、川と海を行き来できる。体色は背側が青灰色で腹側が銀白色。体の大きさのわりに口が小さく、目には脂瞼というまぶたのような膜がかかっている。

まめ知識
三大珍味のカラスミの原料
採食した藻類をすりつぶす臼のような胃壁が人気。卵巣は日本三大珍味のひとつのカラスミになる。

菱形の体型と小さい口が特徴

水深100m以内の浅い海に生息する。岩礁の周辺や砂泥底にいることが多い。体型は菱形で、小さい口には鋭い歯が生えている。オスは背ビレの前方の筋が長く伸びる。褐色から銀白色をベースに、個体によって淡色の斑紋や暗色の縦縞が入る。海水を口に含んで海底に吹きかけ、浮かんだゴカイやカニを食べる。

まめ知識
皮をはいで食用にする
紙やすりのようにざらざらした硬い皮の持ち主。食用にする際は皮をはぐことからこの名前がついた。

星のような白い斑紋がある

大陸棚の海底に生息するサメ。水深が浅い場所の砂泥底を好み、海岸に近い場所でよく見かける。体色は灰色もしくは茶褐色。背側に星のような白色の斑紋があるので、星鮫と呼ばれるようになった。主に海底のカニやエビを食べる。胎内で子ザメが30cm程度になるまで育ててから出産する。

まめ知識
食用のサメとして有名
サメの中でも味がよいといわれ、フカヒレや刺身などの食用になる。秋から春頃までが旬。

ドチザメ科
ホシザメ
● 星鮫 ● Starspotted Smooth-hound

星のような
白い斑紋がある

DATA
全長 1.4m
分布 全国 時期 一年中

海辺

長い尾には猛毒のトゲがある

干潟から水深700m程度の沖合まで、幅広い場所で見かける。砂泥底に隠れていることが多い。扁平な体に鞭のような長い尾がついている。尾のトゲには猛毒がある。背側が赤褐色で腹側が白色。ヒレの縁が黄色いのが見分けるポイント。甲殻類や魚類などを食べ、初夏には浅瀬で稚魚を出産する。

まめ知識
毒針に刺される事故に注意
本種は砂泥に潜んであまり動かないので、気づかずに踏んで毒針に刺される事故が起きる。

アカエイ科
アカエイ
● 赤鱝 ● Japanese Stingray

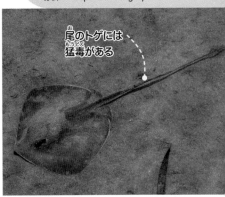

尾のトゲには
猛毒がある

DATA
全長 1m
分布 全国 時期 一年中

ウミウ

海鵜 ●Japanese Cormorant

羽色は光沢のある
緑がかった黒色

海辺

群れで協力して採食する

全国で観察できるが、夏には本州中部以北、冬には本州南部にいることが多い。主に海岸の切り立った崖や険しい岩場などにコロニーを作り、海辺で生活している。ごくまれに河川にいる場合もある。

オスとメスはほぼ同じ羽色で、光沢のある緑がかった黒色。夏の繁殖期には頭から首にかけて白い羽が生える。巣は枯れ草や海藻を運んで営巣し、5個前後の卵を産む。つがいとなっても10羽前後の群れで行動する。コロニーから採食場となる海に向かって隊列を組んで飛ぶ。魚群を見つけたら群れで取り囲み、一斉に海中に潜って捕らえる。群れでいるときにはくぐもったような「グゥー」という鳴き声を上げる。

まめ知識
鵜飼に用いられている

ウミウは岐阜県の長良川をはじめ、各地で行われている鵜飼に用いられる。鵜飼は、水中で魚を捕らえる特技を利用して、アユを捕らえさせる漁のこと。

首に巻いた縄で大きいアユは丸飲みできないようにしている。『日本書紀』にも登場するほど長い歴史がある。

DATA	全長 84cm	分布 全国	時期 一年中

都市部でも見かけるカモメ

10月頃から渡来する冬鳥で、3月頃まで全国の海岸や河口に群れを作って滞在する。川をさかのぼって河川や湖に来ることもある。羽色はオスもメスも同じ淡い青灰色。くちばしは朱色で先端が黒色。上空から勢いよく水中に頭を突っ込み、魚やカニを食べる。「ギャイー」と騒がしく鳴くのでわかりやすい。

> ### まめ知識
> #### 伊勢物語にも登場する
> 『伊勢物語』の和歌の中に「都鳥」という名で登場するのは本種と考えられている。

アイリングと尾羽で見分ける

全国の海岸や河口、漁港にすんでいる。休息も採取も群れで行動する。オスメス同色で背中が茶色、頭から腹にかけては白い。カモメ科の中では唯一黒い尾羽を持つ。黄色い目と赤いアイリングも特徴。主に海面近くまで浮かんでくる魚を狙う。体についた海水や塩分を洗うために淡水域で水浴びをする。

> ### まめ知識
> #### 猫のような鳴き声
> 猫のように「ミャーオ」「ミャー」と鳴くことから、ウミネコ（海猫）と名付けられた。

カモメ科
ユリカモメ
● 青鵐　Black-headed Gull

くちばしの色は朱色で先端が黒い

ギャイー

DATA
全長	40cm		
分布	全国	時期	冬

海辺

カモメ科
ウミネコ
● 海猫　Black-tailed Gull

目の周りが赤い

DATA
全長	47cm		
分布	全国	時期	一年中

ダイシャクシギ

● 大杓鷸 ●Curlew

ホーイーン

土に突き刺しやすい
くちばし

海辺

長いくちばしでカニをとる

全国の干潟や水田に飛来する旅鳥。渡りの時期には内陸方面の湿地や野原に立ち寄ることも少なくない。九州地方の暖かい地域の干潟では越冬する姿を見られることもある。全身は褐色と白色の斑紋に覆われ、翼の部分は模様が大きくなる。オスとメスはどちらも同じ色で判別は難しい。20cmを超える長く湾曲したくちばしは、餌となるカニを採食するのに適した形状。くちばしを巣穴に入れて捕らえ、さらに足をくわえて振って落としてから飲み込む。砂地や泥土の中にくちばしを突き刺し、貝やゴカイを食べる。内陸では昆虫を採食することもある。主に飛んでいるときに「ホーイーン」というよく通る声で鳴くので見つけやすい。

まめ知識
斑紋で他のシギと見分ける

ダイシャクシギとホウロクシギは羽色がよく似ているうえ、混ざって群れを作るので間違えやすい。見分けるポイントは、本種は羽色がやや淡く、腹から尾まで（体下面から下尾筒まで）が白いこと。翼をたたんでいると見えないが、広げたときには腰や翼の下部が白い。

DATA　全長 60cm　分布 全国　時期 春・秋

ツッピー
ジュジュ

オスは頭から背にかけて鮮やかな青色

ヒタキ科

イソヒヨドリ

●磯鵯 ●Blue Rockthrush

目立つオスと地味なメス

全国の海岸のそばでよく目にする留鳥。近年は生息地を広げ、内陸の都市部でも見かけることが増えている。縄張りを持ち、春の繁殖期以外は単独で行動していることが多い。
オスは頭から背中にかけて鮮やかな青色、腹部から尾にかけて赤褐色。コントラストが美しくよく目立つ。

一方、メスは全体的に褐色で鱗のような模様があるものの、あまり目立たない。繁殖期にはつがいとなり、崖などに草を集めて巣を作る。卵は5個前後産み、交代で抱卵する。海辺ではフナムシなどを食べ、離れたところでは昆虫やトカゲを捕らえる。オスもメスも「ツツピージュジュ」と高く澄んだ声でさえずる。「ヒッヒッ」と鳴くこともある。

海辺

まめ知識
生息地を都市部へ拡大

生息地が広い鳥で、ユーラシア大陸のあちらこちらにすんでいる。日本でも全国で見かける。磯鵯という名前のとおり海岸の近くにいる鳥だったが、生息地を拡大して内陸のビル街や住宅街でも本種を見かけることもある。縄張りを持つ習性から、都市部にすむ鳥たちの脅威となる可能性が指摘されている。

DATA （全長）26cm （分布）全国 （時期）一年中

ハヤブサ科

ハヤブサ

隼 ● Peregrine Falcon

翼の先端が
尖っている

海辺

時速300km以上で飛ぶ

全国の海岸で見かける留鳥。季節によってすみかを変えることもあり、夏は山地へ、冬は河川や湖沼、草原へ移動することもある。つがいで行動していることが多い。

頭部が黒色で翼や背中は青灰色。胸部は白地に黒色の横斑が入る。オスメスはほぼ同色だが、メスの方が胸部の横斑が細かい傾向がある。アイリング、くちばしの付け根、足は黄色。翼の先端が尖っているのが特徴。春の繁殖期にはつがいで断崖のくぼみに営巣する。

時速100kmで飛び、ホバリングも可能。ドバトやムクドリなどの鳥を見つけると時速300km以上で急降下して捕らえる。繁殖期には「キッキッ」という鋭い声で鳴く。

まめ知識

オスとメスが子育てを分担

繁殖期には3～4個の卵を産む。主にメスが抱卵してオスが餌を届ける。これは雛が孵化した後も同じで、メスは受け取った餌を雛に与える。幼鳥になって巣立った後は、狩りの練習を兼ねてオスが空中で餌を渡す。幼鳥は1年近く巣の周辺で暮らすこともある。

DATA （全長）42cm(オス) 50cm(メス) （分布）全国 （時期）一年中

首の帯でオスメスを見分ける

全国の海岸、湖沼、河川に生息している。北日本にいる個体は、冬になると暖かい地域へ移動する。単独かつがいで行動することが多い。頭と首から腹にかけて白色、背中や翼は褐色。首にある褐色の帯はメスの方が細い。水面を低空飛行し、足から飛び込んで魚を捕食する。「ピョピョ」と細く連続して鳴く。

> ### まめ知識
> **水をさぐる姿が名前の由来**
> 水中に足を入れて魚を捕らえる姿が水をさぐるように見え、転じてミサゴという名前になった。

「ピーヒョロロ」と特徴的な声

海辺から里山、高山まで広く生息している。全国で観察できる留鳥。トンビとも呼ばれる。羽色はオスメス共に褐色をベースに淡い褐色や白色の斑紋。群れで暮らしているが、繁殖期のみつがいで高い木に巣を作る。雑食で生息地に応じて死んだ動物や魚などを食べる。「ピーヒョロロ」という独特の声で鳴く。

> ### まめ知識
> **群れで円を描くように飛ぶ**
> 数羽から数十羽の群れで休息地と採食場を行き来する。円を描いて飛び、食べ物に急降下する。

サゴ科
ミサゴ
● 鶚　● Osprey

ピョピョ

水面に足を入れて魚を捕まえる

DATA
全長 58cm（オス）　60cm（メス）
分布 全国　時期 一年中

海辺

タカ科
トビ
● 鳶　● Black Kite

ピーヒョロロ

褐色に淡い褐色や白の斑紋がある

DATA
全長 58cm（オス）　68cm（メス）
分布 全国　時期 一年中

6章

離島にいる生きもの

リュウキュウ
アサギマダ

ヤンバルクイナ

ルリカケス

南西諸島や小笠原諸島などの離島で暮らす生きもの。その場所でしか見られない珍しい生きものばかりです。